应用型本科 计算机类专业"十三五"规划教材

基于 Proteus 的微机原理仿真实验

主　编　程宏斌　孙　霞

西安电子科技大学出版社

内 容 简 介

本书是基于 Proteus 软件的汇编语言与微机原理仿真实验指导书，内容主要包括：emu8086 的使用、Proteus 8086 仿真模型、汇编语言实验、仿真实验系统和微机原理仿真实验。本书将传统物理实验箱的实验内容迁移到仿真系统中，有助于提升学生的创新能力，培养学生的微机软、硬件系统开发应用能力。书中提供了详尽的软、硬件设计和分析实验，有助于学生自主学习和创新开发。

本书可以作为应用型本科院校计算机类专业的实验指导教材，也可以作为工程技术人员的参考用书。

图书在版编目(CIP)数据

基于 Proteus 的微机原理仿真实验 / 程宏斌，孙霞主编. —西安：西安电子科技大学出版社，2019.3
ISBN 978−7−5606−5220−7

Ⅰ. ① 基… Ⅱ. ① 程… ② 孙… Ⅲ. ① 单片微型计算机—系统仿真—应用软件—高等学校—教材
Ⅳ. ① TP368.1

中国版本图书馆 CIP 数据核字(2019)第 020608 号

策划编辑 高 樱
责任编辑 马 凡 雷鸿俊
出版发行 西安电子科技大学出版社(西安市太白南路 2 号)
电 话 (029)88242885 88201467 邮 编 710071
网 址 www.xduph.com 电子邮箱 xdupfxb001@163.com
经 销 新华书店
印刷单位 咸阳华盛印务有限责任公司
版 次 2019 年 3 月第 1 版 2019 年 3 月第 1 次印刷
开 本 787 毫米×1092 毫米 1/16 印 张 9
字 数 191 千字
印 数 1～3000 册
定 价 20.00 元

ISBN 978−7−5606−5220−7 / TP

XDUP 5522001−1

应用型本科 计算机类专业"十三五"规划教材
编审专家委员名单

主　任：沈卫康(南京工程学院　通信工程学院　院长/教授)

副主任：陈　岚(上海应用技术学院　电气与电子工程学院　副院长/教授)

　　　　高　尚(江苏科技大学　计算机科学与工程学院　院长/教授)

　　　　宋依青(常州工学院　计算机科学与工程学院　副院长/教授)

　　　　龚声蓉(常熟理工学院　计算机科学与工程学院　院长/教授)

成　员：(按姓氏拼音排列)

　　　　鲍　蓉(徐州工程学院　信电工程学院　院长/教授)

　　　　陈伏兵(淮阴师范学院　计算机工程学院　院长/教授)

　　　　陈美君(金陵科技学院　网络与通信工程学院　副院长/副教授)

　　　　李文举(上海应用技术学院　计算机科学学院　副院长/教授)

　　　　梁　军(三江学院　电子信息工程学院　副院长/副教授)

　　　　钱志文(江苏理工学院　电气信息工程学院　副院长/教授)

　　　　任建平(苏州科技学院　电子与信息工程学院　副院长/教授)

　　　　谭　敏(合肥学院　电子信息与电气工程系　系主任/教授)

　　　　王杰华(南通大学　计算机科学与技术学院　副院长/副教授)

　　　　王如刚(盐城工学院　信息工程学院　副院长/副教授)

　　　　王章权(浙江树人大学　信息科技学院　副院长/副教授)

　　　　温宏愿(南京理工大学泰州科技学院　智能制造学院　院长/副教授)

　　　　杨会成(安徽工程大学　电气工程学院　副院长/教授)

　　　　杨俊杰(上海电力学院　电子与信息工程学院　副院长/教授)

　　　　于继明(金陵科技学院　智能科学与控制工程学院　副院长/副教授)

　　　　郁汉琪(南京工程学院　创新学院　院长/教授)

　　　　张惠国(常熟理工学院　物理与电子工程学院　副院长/副教授)

　　　　赵建洋(淮阴工学院　计算机工程学院　院长/教授)

　　　　朱立才(盐城师范学院　信息工程学院　院长/教授)

前　言

　　汇编语言与微机原理是一门实践性很强的课程，必须在课堂教学之外辅以大量的实验，才能让学生真正掌握好知识的应用。大多数学校的实践环节都以微机实验箱为实验平台，这种平台的设备成本高、易误操作、易损坏且实验效果不佳。针对应用型本科院校汇编语言与微机原理课程实验教学存在的问题，本书设计了一套基于 Proteus 软件的仿真实验教学系统，将传统物理实验箱的实验内容：硬件设计、软件编程、系统调试和效果展现全部迁移到仿真系统中。

　　本书共分为 4 章。第 1 章简单介绍汇编语言开发工具 emu8086 的使用及Proteus 支持的 8086 仿真模型的设置。第 2 章介绍汇编语言源程序编译过程和调试方法，并设计了八个汇编语言程序设计实验，每个实验都包括实验原理分析、实验流程图、参考源程序和详细的程序调试过程。第 3 章介绍基于 Proteus软件的微机原理仿真实验教学系统的设计方法和技术内容，包括译码电路及 I/O端口地址分配原理、微机原理仿真实验系统模块内容及其应用举例。第 4 章介绍基于仿真实验系统的微机原理与接口技术实验，包括单开关控制 LED 灯实验、多开关控制灯实验、74LS273 控制 16 个灯状态变化实验、流水灯实验、单个数码管显示实验、两个数码管显示两位数实验、NMI 中断实验、中断计数并送 1 个数码管显示实验、两个数码管显示中断计数值实验、矩阵键盘实验、点阵屏静态显示实验、点阵屏循环显示数字实验、8255A 开关控制灯实验、8255A控制交通灯实验、8253A 定时器实验和串口 8251A 通信实验，每个实验包括实验内容、实验目的、实验涉及的知识点、实验仿真电路、程序流程图及参考源代码和实验难点分析。

　　本书实验案例丰富，设计的仿真系统实验能够完成汇编语言与微机原理课程要求的课内实验和课外创新实验。本书的特色是能够降低本课程硬件实验器材的投入成本，书中的实验分析非常细致，使学生能够深入理解每个实验的软、硬件设计过程，提高学生的创新能力和工程实践能力。本书有助于改进课程教学效果，提升学生创新能力，培养学生的微机软、硬件系统协同开发的工程应用能力。

　　本书第 1、2 章由常熟理工学院孙霞编写，第 3、4 章由程宏斌编写。书中全部案例的电路和程序都经过了调试和运行。常熟理工学院梁伟博士审阅了本书，并提供了很多有价值的修改意见。在编写本书的过程中，作者总结归纳了多年的教学和实践经验，并参考了国内外的有关资料，在此向所有相关作者致敬。

　　由于作者水平有限，书中难免有疏漏之处，敬请广大读者指正。

编　者

2018 年 12 月

目　　录

第1章

仿 真 工 具

基于 Proteus 的微机原理仿真实验系统的硬件环境并不复杂，只需要一台电脑，软件环境则主要由 Proteus 软件和 emu8086 软件组成。Proteus 软件工具用于设计基于 8086 微机应用系统的硬件原理图，能够进行硬件仿真运行调试；emu8086 软件工具用于汇编语言源程序的设计和调试。

1.1　emu8086 的使用

1.1.1　emu8086 介绍

emu8086(assembler and microprocessor emulator)是一个可在 Windows 环境下运行的 8086 CPU 汇编仿真软件。它将文本编辑器、编译器、反编译器、真调试、虚拟设备和驱动器集成为一体，并具有在线使用指南，这对于刚开始学习汇编语言的人来说是一个很有用的工具。用户可以在 emu8086 仿真器中单步或连续执行程序，其可视化的工作环境更容易操作，还可以在程序执行过程中动态观察各寄存器、标记位以及存储器中的变化情况。仿真器会在模拟的 PC 中执行程序，以避免程序运行过程中到实际的硬盘或内存中存取数据。此外，该软件完全兼容了 Intel 新一代处理器，包括了 PentiumⅢ、Pentium4 的指令。

下面介绍使用 emu8086 进行汇编语言源程序开发的基本操作。

1.1.2　emu8086 模拟器的使用

1. 程序编辑界面

(1) 安装 emu8086 后，运行 emu8086.exe 文件，进入 emu8086 主界面，如图 1-1 所示。

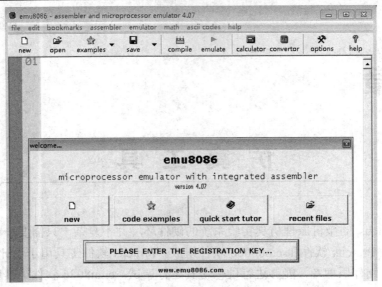

图 1-1　emu8086 主界面

(2) 在 emu8086 主界面中单击"new"选项,进入代码模板选择窗口,如图 1-2 所示。

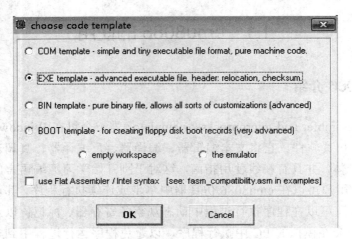

图 1-2　代码模板选择窗口

选择不同的代码模板,在汇编程序源代码中会出现如下标记:

#MAKE_COM#:选择 COM 模板;

#MAKE_BIN#:选择 BIN 模板;

#MAKE_EXE#:选择 EXE 模板;

#MAKE_BOOT#:选择 BOOT 模板。

四种代码模板的文件说明如下:

① COM 模板。COM 文件格式是最简单的可执行文件格式,其源代码规定在代码段偏移地址 100H 后对其进行加载(通过在源代码之前添加指令 ORG 100H 设置)。文件从第一个字节开始执行。支持 DOS 和 Windows 命令提示符。

② EXE 模板。EXE 文件格式是一种更先进的可执行文件格式。该文件格式的源程序代码的规模和分段不受限制，但是源程序中必须加入堆栈段的定义。用户在汇编程序源代码中可以定义程序的起始执行位置。该格式支持 DOS 和 Windows 命令提示符。

COM 和 EXE 文件格式是用户最常用的汇编源代码模板。

③ BIN 模板。该模板一般不用，不支持伪指令。

④ BOOT 模板。该模板用于编写汇编语言程序，数据段的段地址为 07C0H。

(3) 在代码模板选择窗口中单击选择"empty workspace"选项，即可打开工作区界面，如图 1-3 所示。

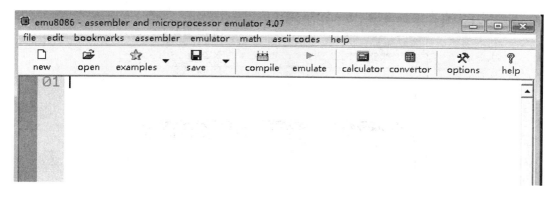

图 1-3　工作区

2. 源程序编辑

选择 COM 模板，在图 1-3 中单击选择快捷按钮"new"，进入源代码编辑器的界面，按图 1-4 所示内容在编辑窗口中输入汇编指令。代码编写结束后，保存源程序，后缀为 .asm。

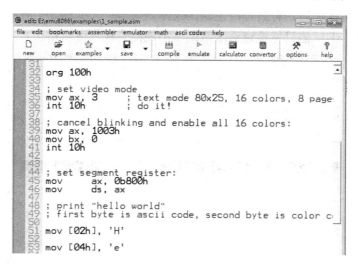

图 1-4　源代码编辑器

3. 源程序编译

单击编辑器界面的编译工具"compile"，对源代码进行编译，如图 1-5 所示。

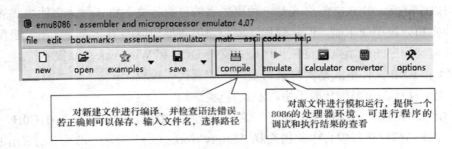

图 1-5　快捷工具栏

若源程序中存在语法错误，emu8086 编译器会给出提示，如图 1-6 所示。

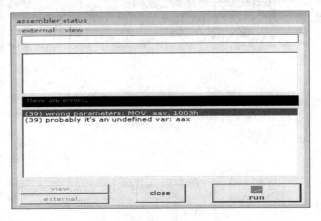

图 1-6　编译错误提示

在提示窗口中显示错误指令所在的行及错误的类型。程序员可以根据提示进行源代码修改。修改之后再次编译，直到程序正确、编译无误为止，如图 1-7 所示，显示程序没有语法错误。注意：编译器只能检查语法错误，不能检查程序逻辑错误。

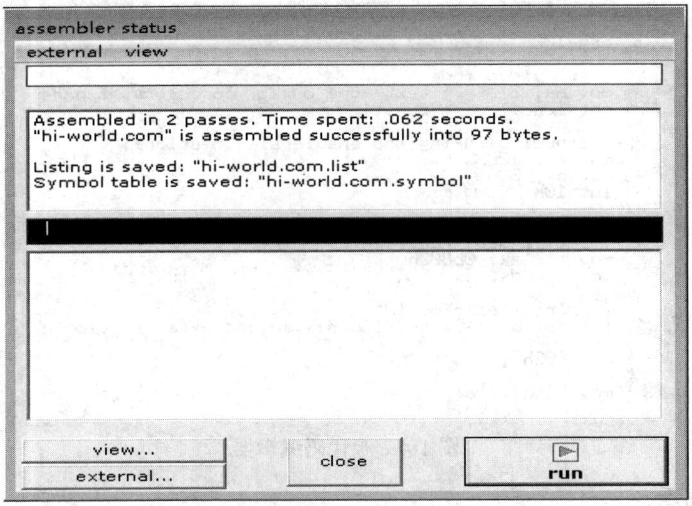

图 1-7　正确编译结果

编译正确后，保存编译结果，即二进制可执行程序(文件名可以使用默认的名字)到默认的文件路径。

4. 程序运行及查看变量数据

emu8086 将源程序编译成二进制代码后，下一步可以模拟运行程序，并通过 emu8086 提供的快捷工具进行程序调试。其步骤如下：

(1) 单击编辑器界面的编译工具"emulate"，对源代码进行模拟运行，如图 1-8 所示。emu8086 模拟器提供了丰富的调试功能，如调试、运行(单步或全部)、内部寄存器查看、内存数据查看、汇编和反汇编等。

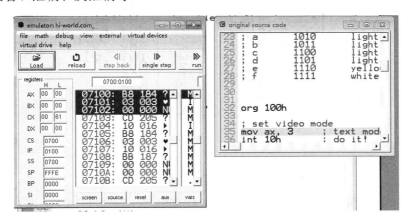

图 1-8　模拟运行界面

(2) 模拟器的调试、运行程序功能，如图 1-9、图 1-10 所示。

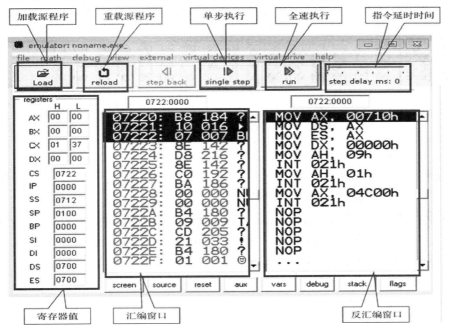

图 1-9　模拟器的调试、运行程序窗口 1

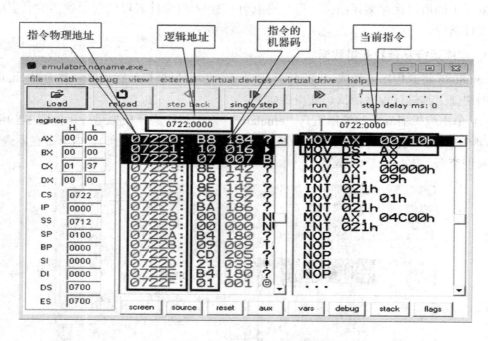

图 1-10　模拟器的调试、运行程序窗口 2

(3) 查看存储单元的内容。在图 1-10 中选择菜单"view"，再选中子菜单"memory"，可以查看存储单元的内容，如图 1-11 所示。该窗口显示的是当前代码段中的信息，每行显示 16 个存储单元的内容。地址和数据内容均默认为十六进制数。

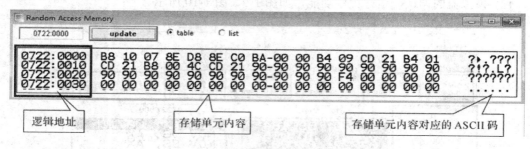

图 1-11　存储单元内容

(4) 运行程序。

① 若要正常全速执行程序，则在图 1-9 中单击"run"。

② 若要详细分析每条指令的执行结果，则在图 1-9 中单击单步执行"single step"。

(5) 查看标志寄存器。在图 1-10 中选择并单击菜单"view"，再选中子菜单"flags"，可以查看标志寄存器的内容，如图 1-12 所示。

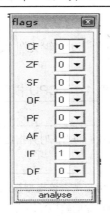

图 1-12 标志寄存器

1.2 Proteus 8086 仿真模型

1.2.1 模型介绍

Proteus 是由英国 LabCenter 公司开发的电路分析与仿真软件(ISIS 和 ARES)。它提供了原理图绘制、单片机系统仿真及 PCB 设计等功能，可仿真多种微控制器，如 51、AVR、PIC、MSP 等，而且还可仿真许多电子元件，如阻容元件、开关、晶体管、集成电路、液晶显示器等。另外 Proteus 可提供多种调试用虚拟仪器，如示波器、信号源等。Proteus7.5 版本之后增加了 8086 CPU 的仿真功能。Proteus VSM 8086 CPU 模型可以按指令和总线周期准确仿真 Intel 8086 处理器,它可以通过一个总线驱动器和多路输出选择器连接到 RAM、ROM 等不同的外围控制器件上。所有的总线信号和设备定时操作均在 8086 的最小模式下实现了模拟，Proteus 支持 8086 最大模式,但模型现在还没有实现对其进行模拟。8086 仿真模型如图 1-13 所示。

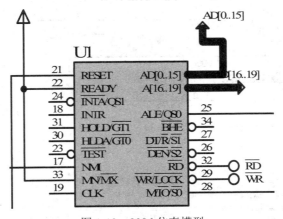

图 1-13 8086 仿真模型

1. 8086 CPU 模型属性

Proteus VSM 8086 CPU 模型可以通过编辑元件属性对话框配置 8086 的属性，属性配置如表 1-1 所示。

表 1-1　CPU 模型

属性	默认	描　　述
时钟	1MHz	默认的内部时钟指定频率。如果选择外部时钟，则内部时钟被忽略
外部时钟	No	指定是否该模型提供外部时钟信号给 CLK 引脚(与内部的时钟对立的响应)。注意外部时钟模型模拟会导致明显的仿真速度变慢
程序	—	指定一个程序文件被加载到模型的内存。程序文件可以是一个二进制(.bin)文件，也可以是一个 MS-DOS 兼容的 .com 或 .exe 程序
程序段	0x0000	决定外部程序下载到内存的位置
内存段	0x0000	模拟内存块的开始地址
内部存储器大小	0x0000	模拟内存块的大小

在 Proteus 中，8086 属性配置内容如图 1-14 所示，通过设置相应的属性值可以确定 8086 的基本仿真参数。

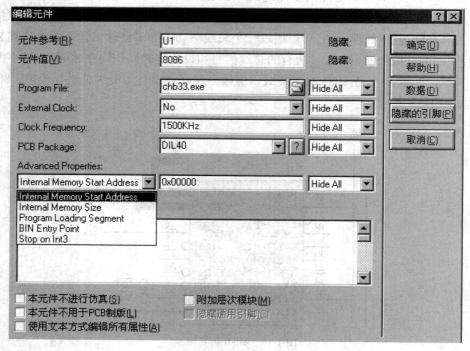

图 1-14　8086 属性设置

2. 8086 CPU 模型支持的汇编编译器

对于 8086 CPU 模型，汇编编译器的选择范围非常广泛。表 1-2 列出的工具已经通过模型测试。一般推荐使用 emu8086 或 MASM32。

表 1-2　汇编编译器

编译器	许可	调试格式
MASM32	免费	CodeView
Borland Turbo Assembler (TASM)	收费	Borland
Digital Mars C++ Compiler	免费	CodeView
Microsoft C/C++ Compiler 7.00	收费	CodeView
Borland C++ Compiler for Windows 5.02	收费	Borland

Proteus 的 8086 CPU 模型不含操作系统，因此汇编程序不再支持 BIOS 和 DOS 的调用。8086 模型可以加载 .bin、.com 和 .exe 格式的程序进入它的内存中，而不需要 PC BIOS 或 DOS 操作系统的支持。模型允许源程序和反汇编程序的调试。两种调试方法的信息格式可以影响调试和全局变量。

1.2.2　Proteus 8086 仿真设置

Proteus 在仿真 8086 CPU 之前，需要进行一些设置。单片机的执行代码是 keil 生成的 HEX 格式文件，而 8086 一般使用的文件格式是 .exe、.bin 或 .com 文件。8086 内部没有存储器，仿真需要设置内存起始地址、内存的大小和外部程序加载到内存的地址段。仿真时的时钟频率默认是 1 MHz。8086 加载由 emu8086、MASM32 或其他软件生成的扩展名为 .exe、.bin 或 .com 的文件后，Proteus 自动将这些文件加载到设置好的内存段中。具体设置如下所述。

方式 1：采用配置方式，需要设置 internal memory size、program loading segment、BIN entry point 及 stop on int 3。设置内存(internal memory size)大小为 10000H，程序下载到内存段(program loading segment)的起始地址为 0200H，bin 入口(bin entry point)地址为 02000H，停止在 int 3(stop on int 3)选项选择 Yes。此方式适用于各种扩展名(.bin、.com、.exe)的源代码文件。

方式 2：采用程序设置方式，需要配置 internal memory size、stop on int 3。如设置 internal memory size 为 10000H，stop on int 3 选项选择 Yes。在程序段前加入指令：ORG 0100H(代码下载到内存的起始地址，可设置)。此方式适用于扩展名为 .com 和 .exe 的代码文件。

另外，方式 1 设置的各参数间存在一定的关系，如设置了 program loading segment 为 0200H，则 bin entry point 应设置为 02000H。设置 program loading segment 是为了让代码下载到中断向量地址外的内存中，而不占据中断向量的入口地址内存。stop on int 3 可以不用设置。用此方式设置后寄存器 DS 等变为 0200H，这与方式 2 不同。

方式 2 只需在程序中加入一条指令 ORG 0100H，程序编译后加载仿真文件到 8086，之后 Proteus 自动将文件下载到 ORG 后对应地址 0100H 开始的内存空间。但寄存器 DS 为 0000H，与方式 1 是不一样的。做程序设计时注意 DS 的不同。方式 1 中对于 .com 和 .exe 的文件不用设置 bin entry point。内存设置好之后，再设置仿真加载文件，格式是 .bin 或 .exe 的文件。

　　加载文件之后，再设计应用接口电路。完成电路设计之后，进行 8086 应用系统仿真。

　　基于 Proteus 的 8086 CPU 的仿真，能够进行丰富的微机原理实验。目前，很多高校的微机原理实验一般采用的是微机实验箱辅助实验，该方法不仅设备成本高，且损坏频繁，导致实验效果欠佳。基于 Proteus 进行微机原理仿真实验教学能够解决硬件实验环境存在的问题。

第2章

汇编语言实验

本章主要介绍基于 16 位 CPU 8086 的汇编语言程序设计实验。实验内容包括：汇编语言源程序编辑工具、编译工具和调试工具的使用，汇编语言的基本指令语法的实践应用，顺序结构、分支结构和循环结构的应用程序编程。

2.1　汇编语言源程序编译过程实验

1. 实验目的

本实验要达到以下目的：

(1) 熟悉汇编语言的编辑、汇编、链接、运行的全过程。

(2) 熟悉汇编编译工具 MASM6.11 的使用，学会使用 MASM 编译程序，学会使用 LINK 链接程序。

2. 实验内容

本实验包括以下内容：

(1) 编辑一个扩展文件名为 .asm 的汇编语言源程序。

(2) 用汇编程序 MASM 汇编上述汇编语言源程序，形成目标代码文件(扩展名为 .obj)。

(3) 用链接程序 LINK 链接目标代码文件，形成可执行文件(扩展名为 .exe)。

(4) 运行可执行文件。观察执行结果，以验证其正确性。

3. 实验环境

汇编语言的计算环境：DOS/Windows。

DOS 环境：记事本 + MASM6.11 + debug 调试工具。

(1) 源程序编辑工具：记事本。

(2) 汇编编译器：MASM6.11。

(3) 调试工具：debug。

注意：安装 MASM6.11 时，选择操作系统为 msdos/Microsoft Windows。

4. 示例程序

示例程序为 hello.asm，如下所示。

```
data1      segment
             msg    db "Hello, world.", 0dh, 0ah, "$"
data1      ends
code1      segment
assume cs: code1, ds: data1
start:
             mov ax, data1
             mov ds, ax
             lea dx, msg
             mov ah, 9
             int 21h
             mov ax, 4c00h
             int 21h
code1      ends
             end start
```

5. 实验步骤

实验步骤如下：

(1) 用文字编辑工具(记事本或其他)输入示例程序，存盘取名为 EX1.asm。

(注意：文件后缀是 **.asm**，不是 **.asm.txt**，请在"工具→文件夹选项→查看→隐藏已知文件类型扩展名"中不要选择打钩，以便显示完整后缀)。

(2) 用 MASM 命令对源文件进行汇编，产生 .obj 文件。若汇编时提示有错(注意：汇编程序只能指出程序的语法错误，而无法指出程序的逻辑错误)，用文字编辑工具修改源程序后重新汇编，直至通过。

(3) 用 LINK 将 .obj 文件链接成可执行的 .exe 文件。

(4) 在 DOS 状态下运行 LINK 产生的 .exe 文件。若未出现预期结果，则用 debug 检查程序。

了解实验步骤后，请按照下面的实验步骤提示操作完成实验。

6. 实验步骤提示

实验过程及结果包括：

(1) 先进入 Windows 的模拟 DOS 环境(开始→运行→输入 command 命令)。用 cd 命令进入 MASM 命令目录下(假设 MASM6.11 的安装路径是 C: \MASM611，其中 MASM.exe 命令、link.exe 命令在 C: \MASM611\bin 目录下)，如下所示：

Microsoft Windows XP [版本　5.1.2600]

(C) 版权所有　1985-2001 Microsoft Corp.

　　　C: \Documents and Settings\Administrator>cd　　C: \MASM611\bin

　　　C: \MASM611\bin

(2) 在 MASM 目录(C: \MASM611\bin)下新建一个文本文件，在里面输入以下的汇编程序，并保存为 hello.asm。

(3) 将 hello.asm 生成目标文件。在命令提示符中输入命令 MASM hello.asm，执行结果如下：

> C: \MASM611\bin>MASM hello.asm
>
> Microsoft (R) MASM Compatibility Driver
>
> Copyright (C) Microsoft Corp 1993.　All rights reserved.
>
> Invoking: ML.exe /I. /Zm /c /Ta hello.asm
>
> Microsoft (R) Macro Assembler Version 6.11
>
> Copyright (C) Microsoft Corp 1981-1993.　All rights reserved.
>
> Assembling: hello.asm

生成结果文件为 hello.obj。

(4) 将目标文件链接成可执行文件。输入 **link hello.obj**，结果如下：

> C: \MASM611\bin>link hello.obj
>
> Microsoft (R) Segmented Executable Linker　Version 5.31.009 Jul 13 1992
>
> Copyright (C) Microsoft Corp 1984-1992.　All rights reserved.

接着直接回车四次，采用默认的文件名称为链接结果文件命名，其中 hello.exe 为二进制可执行文件，如下所示。

> Run File [hello.exe]:
>
> List File [nul.map]:
>
> Libraries [.lib]:
>
> Definitions File [nul.def]:
>
> LINK : warning L4021: no stack segment
>
> C: \MASM611\bin>

(5) 运行文件 hello.exe 并输入 hello 查看该程序的运行，观察输出结果如下：

> C: \MASM611\bin>hello.exe
>
> hello, world.
>
> E: \MASM611\bin>

2.2　汇编语言源程序调试方法

1. 实验目的

本实验要达到以下目的：

(1) 学习如何在 Windows 的命令模式下启动 debug。

(2) 掌握调试工具 debug 的常用基本命令。

2. 实验内容

本实验包括以下内容：

(1) 进入和退出 debug 程序；

(2) 学会 debug 中的 r 命令、d 命令、e 命令、p 命令、t 命令、a 命令、g 命令、u 命令、n 命令、w 命令等的使用。

3. 预习要求

预习要求如下：

(1) 仔细阅读实验资料"debug 的使用"。

(2) 根据实验要求，对各项结果进行预测。

4. 实验环境

汇编语言的计算环境是 DOS/Windows。

DOS 环境：记事本 + MASM6.11 + debug 调试工具。

(1) 源程序编辑工具：记事本。

(2) 汇编编译器：MASM6.11。

(3) 调试工具：debug。

5. 实验步骤

实验步骤包括以下几步：

(1) 进入 debug 状态。开机进入虚拟 DOS，然后键入 C > debug ↙，屏幕显示：

　　-

其中"-"为已进入 debug 状态的提示符。在该提示符下可键入 debug 命令。在该提示符后用户可键入字符或命令。

(2) 键入程序并汇编。用 debug 的 a 命令输入程序，格式如下：

　　-a 100↙

　　MOV AL, 33

　　MOV DL, 35

　　ADD DL, AL

　　SUB DL, 30

　　MOV AH, 2

　　INT 21

　　Int 20

(3) 执行程序。命令格式如下：

　　-g↙

(4) 反汇编。可以用反汇编 u 命令将键入的程序调出，并且可以得到每条汇编指令的机器码。其命令格式如下：

　　-u 起始地址 终止地址↙

(5) 退出 debug 返回 DOS 状态。命令格式如下：

　　　　-q✓

(6) 显示内存命令 d。命令格式如下：

　　　　-d 0100✓

　　　　-d 起始地址　终止地址✓

(7) 修改存储单元命令 e。命令格式如下：

　　　　-e 地址✓

(8) 检查和修改寄存器内容命令 r。命令格式如下：

　　　　r

　　　　r [寄存器名]

功能：

① 显示 CPU 内部所有寄存器的内容和全部标志位的状态。

② 显示和修改一个指定寄存器的内容和标志位的状态。

(9) 追踪与显示命令 t。命令格式如下：

　　　　①　t [= 地址]

或　　　　　　t [地址]

　　　　②　t = [地址][条数]

(10) 命名命令 n。命令格式如下：

　　　　n 文件名

(11) 读盘命令 l。

(12) 写盘命令 w。

6. 实验步骤结果提示

实验步骤结果提示如下：

(1) 在开始运行中输入 command，进入虚拟 DOS 环境，在 DOS 下输入 debug 和回车键就可以启动 debug 调试程序。

(2) 整理每个 debug 命令使用的方法，其实际示例及执行结果如下。

① "？" 命令。该命令显示所有 debug 命令表，如下所示：

　　　　-?

assemble	A [address]
compare	C range address
dump	D [range]
enter	E address [list]
fill	F range list
go	G [= address] [addresses]
hex	H value1 value2
input	I port
load	L [address] [drive] [firstsector] [number]
move	M range address

name	N [pathname] [arglist]
output	O port byte
proceed	P [= address] [number]
quit	Q
register	R [register]
search	S range list
trace	T [= address] [value]
unassembled	U [range]
write	W [address] [drive] [firstsector] [number]
allocate expanded memory	XA [#pages]
deallocate expanded memory	XD [handle]
map expanded memory pages	XM [Lpage] [Ppage] [handle]
display expanded memory status	XS
-	

② r 命令。输入命令 r，显示所有寄存器的值和标志位的状态。输入 r cx，在提示符后再输入 100，将 CX 的值设置为 100，再输入 r 命令，查看修改后的寄存器值，如下所示：

```
-r
AX = 0000   BX = 0000   CX = 0000   DX = 0000   SP = FFEE   BP = 0000   SI = 0000
DI = 0000 DS = 1497   ES = 1497   SS = 1497   cs = 1497   IP = 0100   NV UP EI PL NZNA
PO NC
1497: 0100 44              INC        SP
-r   cx
CX 0000
: 100
-r
AX = 0000   BX = 0000   CX = 0100   DX = 0000   SP = FFEE   BP = 0000   SI = 0000
DI = 0000 DS = 1497   ES = 1497   SS = 1497   cs = 1497   IP = 0100   NV UP EI PL NZ NA
PO NC
1497: 0100 44              INC        SP
-
```

③ d 命令。输入该命令，将显示内存区域的内容。输入 d，结果如下：

```
C: \DOCUME~1\ADMINI~1 > debug
-d
1497: 0100    44 CD 21 88 16 15 99 F6-C2 80 74 33 A0 CD 96 24     D.!.......t3...$
1497: 0110    0C 75 09 A0 D8 99 0A 06-D4 99 74 19 34 00 86 14     .u........t.4...
1497: 0120    74 1D B8 01 44 32 F6 80-CA 20 88 16 15 99 CD 21     t...D2... .....!
1497: 0130    EB 0D E9 A4 00 C6 06 D8-99 04 80 0E D2 99 04 80     ................
```

```
1497: 0140    3E D3 99 00 75 24 80 3E-16 98 01 74 1D E8 8C 03      > ... u$. >...t....

1497: 0150    75 18 80 3E 78 99 00 75-11 BA A4 8A E8 7C 10 C7      u.. > x..u.....|..

1497: 0160    06 D5 96 00 00 FE 06 D7-99 C3 8B 1E 13 99 33 C9      .............3.

1497: 0170    87 0E D5 96 E3 F3 FF 06-D5 99 80 3E D3 99 00 75      ........... > ...u
```

-

输入 d　cs: 0000　L20，结果如下：

```
-d   cs: 0000   L20

1497: 0000    CD 20 FF 9F 00 9A EE FE-1D F0 4F 03 FB 0E 8A 03      . ........O.....

1497: 0010    FB 0E 17 03 FB 0E D1 0D-01 01 01 00 02 FF FF FF      ..............
```

-

输入 d　cs: 0000　0020，结果如下：

```
-d   cs: 0000   0020

1497: 0000    CD 20 FF 9F 00 9A EE FE-1D F0 4F 03 FB 0E 8A 03      . ........O.....

1497: 0010    FB 0E 17 03 FB 0E D1 0D-01 01 01 00 02 FF FF FF      ..............

1497: 0020    FF                                                   .
```

-

④ e 命令。输入该命令，将替换从"起始地址"开始的内存单元的内容。输入 e　cs: 0000，再用 d 命令查看结果如下：

```
-e   cs: 0000

1497: 0000   00.41

-d   cs: 0000

1497: 0000    41 20 FF 9F 00 9A EE FE-1D F0 4F 03 FB 0E 8A 03      A ........O.....

1497: 0010    FB 0E 17 03 FB 0E D1 0D-01 01 01 00 02 FF FF FF      ..............

1497: 0020    FF FF FF FF FF FF FF FF-FF FF FF FF AE 0E 4E 01      .............N.

1497: 0030    BB 13 14 00 18 00 97 14-FF FF FF FF 00 00 00 00      ...............

1497: 0040    05 00 00 00 00 00 00 00-00 00 00 00 00 00 00 00      ...............

1497: 0050    CD 21 CB 00 00 00 00 00-00 00 00 00 00 20 20 20      .!...........

1497: 0060    20 20 20 20 20 20 20 20-00 00 00 00 00 20 20 20      .....

1497: 0070    20 20 20 20 20 20 20 20-00 00 00 00 00 00 00 00      ........
```

-

⑤ f 命令。输入该命令，将用指定的字节值来填充内存区域。输入 f　**cs: 0000**　**L 20 1 2 3 4 5**，再输入 d　cs: 0000，执行结果如下：

```
C: \DOCUME~1\ADMINI~1 > debug

-f cs: 0000 L20   1 2 3 4 5

-d   cs: 0000

1497: 0000    01 02 03 04 05 01 02 03-04 05 01 02 03 04 05 01      ...............

1497: 0010    02 03 04 05 01 02 03 04-05 01 02 03 04 05 01 02      ...............
```

```
1497: 0020    FF FF FF FF FF FF FF FF-FF FF FF FF AE 0E 4E 01       ..............N.
1497: 0030    BB 13 14 00 18 00 97 14-FF FF FF FF 00 00 00 00       ................
1497: 0040    05 00 00 00 00 00 00 00-00 00 00 00 00 00 00 00       ................
1497: 0050    CD 21 CB 00 00 00 00 00-00 00 00 00 00 20 20 20       .!..............
1497: 0060    20 20 20 20 20 20 20 20-00 00 00 00 00 20 20 20          .....
1497: 0070    20 20 20 20 20 20 20 20-00 00 00 00 00 00 00 00
-
```

⑥ m 命令。输入该命令，将把"范围"内的字节值传送给从"地址"开始的内存单元。输入 m cs: 0000　0005　cs: 0030，再输入 d cs: 0000　0040，显示内存单元的结果如下：

```
C: \DOCUME~1\ADMINI~1 > debug
-d    cs: 0000    0040
1497: 0000    CD 20 FF 9F 00 9A EE FE-1D F0 4F 03 FB 0E 8A 03       . ........O.....
1497: 0010    FB 0E 17 03 FB 0E D1 0D-01 01 01 00 02 FF FF FF       ................
1497: 0020    FF FF FF FF FF FF FF FF-FF FF FF FF AE 0E 4E 01       ..............N.
1497: 0030    BB 13 14 00 18 00 97 14-FF FF FF FF 00 00 00 00       ................
1497: 0040    05
-m    cs: 0000    0005    cs: 0030
-d    cs: 0000    0040
1497: 0000    CD 20 FF 9F 00 9A EE FE-1D F0 4F 03 FB 0E 8A 03       . ........O.....
1497: 0010    FB 0E 17 03 FB 0E D1 0D-01 01 01 00 02 FF FF FF       ................
1497: 0020    FF FF FF FF FF FF FF FF-FF FF FF FF AE 0E 4E 01       ..............N.
1497: 0030    CD 20 FF 9F 00 9A 97 14-FF FF FF FF 00 00 00 00       . ..............
1497: 0040    05
--
```

⑦ C 命令。输入该命令，将对由"范围"指定的区域与"起始地址"指定的相同大小的区域进行比较，显示不相同的单元。输入：c cs: 0000　0007　cs: 0010，比较结果如下：

```
Microsoft(R) Windows DOS
(C)Copyright Microsoft Corp 1990-2001.
C: \DOCUME~1\ADMINI~1 > debug
-d    cs: 0000    0030
1497: 0000    CD 20 FF 9F 00 9A EE FE-1D F0 4F 03 FB 0E 8A 03       . ........O.....
1497: 0010    FB 0E 17 03 FB 0E D1 0D-01 01 01 00 02 FF FF FF       ................
1497: 0020    FF FF FF FF FF FF FF FF-FF FF FF FF AE 0E 4E 01       ..............N.
1497: 0030    BB                                                    .
-c    cs: 0000 0007    cs: 0010
1497: 0000    CD    FB    1497: 0010
```

1497: 0001	20	0E	1497: 0011
1497: 0002	FF	17	1497: 0012
1497: 0003	9F	03	1497: 0013
1497: 0004	00	FB	1497: 0014
1497: 0005	9A	0E	1497: 0015
1497: 0006	EE	D1	1497: 0016
1497: 0007	FE	0D	1497: 0017

-

⑧　s 命令。输入该命令，将在内存区域内搜索指定的字节值表，找到则显示起始地址；否则，不显示。

输入：

-d　CS: 0000　000F

s　　　cs: 0000　000F　9A　EE

结果如下：

C: \DOCUME~1\ADMINI~1 > debug

-d　cs: 0000　000F

1497: 0000　CD 20 FF 9F 00 9A EE FE-1D F0 4F 03 FB 0E 8A 03　　　. ....O.....

-s　cs: 0000　9A　EE

1497: 0006

-

⑨　a 命令。该命令用于输入汇编指令。先用 **e cs: 200** 将 "ABCD$" 预先存放在内存 cs: 200 处(注意：$不要漏掉，其 ASCII 码是 24H，否则后边输出乱码)。再输入 **d cs: 200 20F** 显示内存内容。最后用 **a 100** 输入以下命令：

XXXX: 0100 MOV AX, cs

XXXX: 0102 MOV DS, AX

XXXX: 0104 MOV DX, 200

XXXX: 0107 MOV AH, 9

XXXX: 0109 INT 21

XXXX: 010B INT 20

执行结果如下所示：

C: \DOCUME~1\ADMINI~1 > debug

-e cs: 200

1497: 0200　42.41　　CD.42　　21.43　　33.44　　C9.24

-d　cs: 200　20F

1497: 0200　41 42 43 44 24 B4 40 CD-21 80 3E E3 99 00 74 08　　　ABCD$.@.!.>...t.

-a 100

1497: 0100 MOV　　AX, cs

```
1497: 0102 MOV    DX, AX
1497: 0104 MOV    DX, 200
1497: 0107 MOV    AH, 9
1497: 0109 INT 21
1497: 010B INT 20
1497: 010D ^C
-
```

最后按 CTRL 键 + C 退出 a 命令。

⑩ g 命令。该命令用于从起点开始执行汇编指令，到终点结束。注意： 命令必须接着⑩执行。输入命令：**g = 100**，再输入 **g = 100 10B**，结果如下：

```
-g = 100
ABCD
Program terminated normally
-g = 100    10B
ABCD
AX = 0924   BX = 0000   CX = 0000   DX = 0200   SP = FFEE   BP = 0000   SI = 0000
DI = 0000 DS = 1497   ES = 1497   SS = 1497   cs = 1497   IP = 010B     NV UP EI PL NZ
NA PO NC
1497: 010B CD20           INT         20
```

注意：必须先用 **e cs: 200** 将"ABCD$"预先存放在内存 cs: 200 处，否则会导致死循环。

⑪ u 命令。该命令用于反汇编，即显示机器码对应的汇编指令。输入：**u 100**，执行结果如下所示：

```
-u 100
1497: 0100 8CC8          MOV       AX, cs
1497: 0102 89C2          MOV       DX, AX
1497: 0104 BA0002        MOV       DX, 0200
1497: 0107 B409          MOV       AH, 09
1497: 0109 CD21          INT       21
1497: 010B CD20          INT       20
1497: 010D CD96          INT       96
```

输入 **u 100   10C**，对从 cs: 100 到 10B 的内存单元进行反汇编，执行结果如下：

```
DS = 1497   ES = 1497   SS = 1497   cs = 1497   IP = 010B     NV UP EI PL NZ NA PO NC
1497: 010B CD20          INT       20
-u 100    10C
1497: 0100 8CC8          MOV       AX, cs
1497: 0102 89C2          MOV       DX, AX
1497: 0104 BA0002        MOV       DX, 0200
```

1497: 0107 B409	MOV	AH, 09
1497: 0109 CD21	INT	21
1497: 010B CD20	INT	20

-

⑫ n 命令。该命令用于指定文件名，为读/写文件做准备。输入以下命令将刚才的汇编程序保存为 .com 文件：

u   100 10C

n   D: \2.com

r CX

: 110   (注意：是自己输入的 110)

w

文件存盘的结果如下：

-u 100   10C

1497: 0100 8CC8	MOV	AX, cs
1497: 0102 89C2	MOV	DX, AX
1497: 0104 BA0002	MOV	DX, 0200
1497: 0107 B409	MOV	AH, 09
1497: 0109 CD21	INT	21
1497: 010B CD20	INT	20

-n   D: \2.com

-r CX

CX 0000

: 110

-w

Writing 00110 bytes

-

⑬ w 命令。该命令用于向磁盘写内容。从上面的 n 命令可看出怎么写，检查 D 盘下是否有该文件，如图 2-1 所示。

图 2-1 保存文件

⑭ l 命令。该命令用于从磁盘将文件或扇区内容读入内存。将 2.com 读入内存，输入命令：

    n　D: \2.com

    l

再输入 u 100 命令查看调入程序的汇编代码，结果如下：

    -r CX

    CX 0000

    : 110

    -w

    Writing 00110 bytes

    -n　D: \2.com

    -l

    -u 100

14E2: 0100 8CC8	MOV	AX, cs	
14E2: 0102 89C2	MOV	DX, AX	
14E2: 0104 BA0002	MOV	DX, 0200	
14E2: 0107 B409	MOV	AH, 09	
14E2: 0109 CD21	INT	21	
14E2: 010B CD20	INT	20	
14E2: 010D CD96	INT	96	

⑮ t 命令。该命令用于跟踪执行，从起点执行若干条指令。输入以下指令：

    n D: \2.com

    u 100　10B

    r

    t = 100　　　；100 是初始地址

    t

跟踪执行结果如下：

    -u 100　10B

14E2: 0100 8CC8	MOV	AX, cs	
14E2: 0102 89C2	MOV	DX, AX	
14E2: 0104 BA0002	MOV	DX, 0200	
14E2: 0107 B409	MOV	AH, 09	
14E2: 0109 CD21	INT	21	
14E2: 010B CD20	INT	20	

    -r

    AX = 14E2　BX = 0000　CX = 0110　DX = 0200　SP = FFFE　BP = 0000　SI = 0000

    DI = 0000 DS = 14E2　ES = 14E2　SS = 14E2　cs = 14E2　IP = 0102　　NV UP EI PL NZ NA

PO NC

14E2: 0102 89C2   MOV   DX, AX

-t = 100 ?

AX = 14E2   BX = 0000   CX = 0110   DX = 14E2   SP = FFFE   BP = 0000   SI = 0000

DI = 0000 DS = 14E2   ES = 14E2   SS = 14E2   cs = 14E2   IP = 0104   NV UP EI PL NZ NA

PO NC

14E2: 0104 BA0002   MOV   DX, 0200

-t

AX = 14E2   BX = 0000   CX = 0110   DX = 0200   SP = FFFE   BP = 0000   SI = 0000

DI = 0000 DS = 14E2   ES = 14E2   SS = 14E2   cs = 14E2   IP = 0107   NV UP EI PL NZ NA

PO NC

14E2: 0107 B409   MOV   AH, 09

-t

AX = 09E2   BX = 0000   CX = 0110   DX = 0200   SP = FFFE   BP = 0000   SI = 0000

DI = 0000 DS = 14E2   ES = 14E2   SS = 14E2   cs = 14E2   IP = 0109   NV UP EI PL NZ NA

PO NC

14E2: 0109 CD21   INT   21

-t

AX = 09E2   BX = 0000   CX = 0110   DX = 0200   SP = FFF8   BP = 0000   SI = 0000

DI = 0000 DS = 14E2   ES = 14E2   SS = 14E2   cs = 00A7   IP = 107C   NV UP DI PL NZ

NA PO NC

00A7: 107C 90   NOP

-

⑯ p 命令。该命令用于执行汇编程序时的单步跟踪,但它不会跟踪进入子程序或软中断。

注意:a 命令输入程序后,马上执行 p 命令单步执行,有结果。或者用 n、u 命令打开程序再执行 p 命令。输入以下指令:

n D: \2.com

u 100 10B

r

p = 100   ; //100 是初始地址

p

跟踪结果如下:

-n D: \2.com

-u 100 10B

14E2: 0100 8CC8   MOV   AX, cs

14E2: 0102 89C2   MOV   DX, AX

14E2: 0104 BA0002   MOV   DX, 0200

```
14E2: 0107 B409          MOV      AH, 09
14E2: 0109 CD21          INT      21
14E2: 010B CD20          INT      20
-r
AX = 14E2   BX = 0000   CX = 0110   DX = 0000   SP = FFFE   BP = 0000   SI = 0000
DI = 0000 DS = 14E2   ES = 14E2   SS = 14E2   cs = 14E2   IP = 0102   NV UP EI PL NZ NA
PO NC
14E2: 0102 89C2          MOV      DX, AX
-p
AX = 14E2   BX = 0000   CX = 0110   DX = 14E2   SP = FFFE   BP = 0000   SI = 0000
DI = 0000 DS = 14E2   ES = 14E2   SS = 14E2   cs = 14E2   IP = 0104   NV UP EI PL NZ NA
PO NC
14E2: 0104 BA0002        MOV      DX, 0200
-p
AX = 14E2   BX = 0000   CX = 0110   DX = 0200   SP = FFFE   BP = 0000   SI = 0000
DI = 0000 DS = 14E2   ES = 14E2   SS = 14E2   cs = 14E2   IP = 0107   NV UP EI PL NZ NA
PO NC
14E2: 0107 B409          MOV      AH, 09
-p
AX = 09E2   BX = 0000   CX = 0110   DX = 0200   SP = FFFE   BP = 0000   SI = 0000
DI = 0000 DS = 14E2   ES = 14E2   SS = 14E2   cs = 14E2   IP = 0109   NV UP EI PL NZ NA
PO NC
14E2: 0109 CD21          INT      21
-p
ABCD
AX = 0924   BX = 0000   CX = 0110   DX = 0200   SP = FFFE   BP = 0000   SI = 0000
DI = 0000 DS = 14E2   ES = 14E2   SS = 14E2   cs = 14E2   IP = 010B   NV UP EI PL NZ NA
PO NC
14E2: 010B CD20          INT      20
```

2.3   选择分支程序

1. 实验目的

本实验要达到以下目的:

(1) 进一步熟悉汇编语言开发环境,并将所学指令加以应用。

(2) 熟悉汇编语言的选择程序结构设计和实现方法。

(3) 了解汇编语言程序设计全过程。

2. 实验内容

编写程序实现以下功能：测试字节数据 ccc，根据其中第 1、3、5 三位中"1"的数量，做出不同选择。若有一位是"1"，程序就转至 g1，在屏幕上显示 1；若有两位是"1"，就转至 g2，在屏幕上显示 2；若有三位是"1"，就转至 g3，在屏幕上显示 3；若这三位没有一位是"1"，就转至 g0，在屏幕上显示 0。

3. 原理分析

本实验功能实现中有三个难点：

(1) 如何判断第 1、3、5 位上的值是 1 还是 0；

(2) 如何统计总共有几个 1；

(3) 选择分支结构，根据 1 的个数，选择执行不同的分支，输出 1 的个数。

解决第一个问题，可以使用两种方法：使用移位指令或者利用 test 指令。移位指令选择逻辑右移 SHR 能够减少工作量，因为这里要求的是第 1、3、5 位上的值，所以从右往左看是这三位两两之间相隔 1 位，每次只要移动两位即可找到；若是使用逻辑左移指令则不如这个简便。

解决第二个问题，可用一个循环语句来实现。通过设置两个计数器，一个用来控制循环次数，一个用来计算 1 的个数。

解决第三个问题，可利用选择分支来实现。跳转条件是看 1 的个数，本实验中 1 的个数有四个取值：0、1、2、3，这样就需要用四个选择分支来实现。实验算法参考流程图如图 2-2 所示。

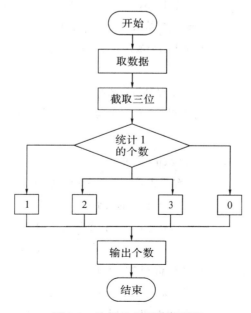

图 2-2　选择分支程序流程图

4. 实验参考程序

实验可以通过以下两种方法实现。

(1) 使用移位指令来实现，程序如下：

```
data segment                    ; 数据段
ccc   db   00100010b            ; 伪指令，表示 buf 变量为 8 位，一个字节
data ends;


code segment ;
    assume cs: code, ds: data   ; 建立代码段与数据段之间的关联
start:
    mov ax, data                ; ax←data(表示将数据代码段的段地址传送给 ax)
    mov ds, ax                  ; ds←ax(表示将 ax 的值传送给数据段的段地址)
    mov es, ax                  ; es←ax(表示将 ax 的值传送给附加段的段地址)


    mov al, ccc                 ; 将字节传送给 al
    and al, 00101010b           ; 从右向左(低到高)截取第 1、3、5 三位
    mov ah, 0                   ; ah 作为累加器，对 1 的个数的计数
    mov bx, 3                   ; bx 用作控制循环次数的变量
    mov cl, 2                   ; cl 记作移位指令执行的移位位数
again:
    shr al, cl                  ; 把第 1、3、5 位分别取出来送到 cf 保存
    jnc s1                      ; jnc 判断结果无进位
    inc ah                      ; 对 1 的个数计数
s1:
    dec bx                      ; 循环次数依次减少
    jnz again                   ; jnz 判断 3 个二进制位是否都处理完


    cmp ah, 0                   ; 比较 ah 和 0 的大小
    jz g0                       ; 当结果为 0 时，指令跳转到 k0
    cmp ah, 1                   ; 比较 ah 和 1 的大小
    jz g1                       ; 当结果为 0 时，指令跳转到 k1


    cmp ah, 2                   ; 比较 ah 和 2 的大小
    jz g2                       ; 当结果为 0 时，指令跳转到 k2
    cmp ah, 3                   ; 比较 ah 和 3 的大小
```

```
        jz g3                  ; 当结果为 0 时，指令跳转到 k3
        jmp exit               ; 无条件转移指令 jmp 跳出

    g1: mov dl, 31h            ; 字符'1'的 ASCII 码是 31h
        mov ah, 2
        int 21h                ; 三句实现在屏幕输出 1
        jmp exit               ; 无条件转移指令 jmp 跳出

    g2: mov dl, 32h            ; 字符'2'的 ASCII 码是 32h
        mov ah, 2
        int 21h                ; 三句实现在屏幕输出 2
        jmp exit               ; 无条件转移指令 jmp 跳出

    g3: mov dl, 33h            ; 字符'3'的 ASCII 码是 33h
        mov ah, 2
        int 21h                ; 三句实现在屏幕输出 3
        jmp exit               ; 无条件转移指令 jmp 跳出

    g0: mov dl, 30h            ; 字符'0'的 ASCII 码是 30h
        mov ah, 2
        int 21h                ; 三句实现在屏幕输出 0

    exit: mov ah, 4ch;
        int 21h                ; 程序终止
        code ends              ; 代码段结束
        end start              ; 汇编结束
```

(2) 使用 Test 指令来实现，程序如下：

```
    data segment               ; 数据段
    ccc    db 00100010b        ; 伪指令，表示 buf 变量为 8 位，一个字节
    data ends;

    code segment ;
        assume cs: code, ds: data ; 建立代码段与数据段之间的关联
    start:
        mov ax, data           ; ax←data(表示将数据代码段的段地址传送给 ax)
```

```
    mov ds, ax              ; ds←ax(表示将 ax 的值传送给数据段的段地址)
    mov es, ax              ; es←ax(表示将 ax 的值传送给附加段的段地址)

    mov al, ccc             ; 将字节传送给 al
    and al, 00101010b       ; 从右向左(低到高)截取第 1、3、5 三位
    mov ah, 0               ; ah 作为累加器,对 1 的个数计数
    test al, 00000001b      ; 将 al 和 00000001b 进行逻辑与
    jnz s1                  ; 指令转移到 s1
s1: inc ah                  ; 如果结果不为 0,则 ah 累加
    test al, 00001000b      ; 将 al 和 00001000b 进行逻辑与
    jnz s1                  ; 指令转移到 s1
    test al, 00100000b      ; 将 al 和 00100000b 进行逻辑与
    jnz s1                  ; 指令转移到 s1
    cmp ah, 0               ; 比较 ah 和 0 的大小
    jz g0                   ; 当结果为 0 时,指令跳转到 k0
    cmp ah, 1               ; 比较 ah 和 1 的大小
    jz g1                   ; 当结果为 0 时,指令跳转到 k1
    cmp ah, 2               ; 比较 ah 和 2 的大小
    jz g2                   ; 当结果为 0 时,指令跳转到 k2
    cmp ah, 3               ; 比较 ah 和 3 的大小
    jz g3                   ; 当结果为 0 时,指令跳转到 k3
    jmp exit                ; 无条件转移指令 jmp 跳出

g1: mov dl, 31h             ; 字符 '1' 的 ASCII 码是 31h
    mov ah, 2               ;
    int 21h                 ; 三句实现在屏幕输出 1
    jmp exit
g2: mov dl, 32h             ; 字符 '2' 的 ASCII 码是 32h
    mov ah, 2               ;
    int 21h                 ; 三句实现在屏幕输出 2
    jmp exit
g3: mov dl, 33h             ; 字符 '3' 的 ASCII 码是 33h
    mov ah, 2               ;
    int 21h                 ; 三句实现在屏幕输出 3
    jmp exit
g0: mov dl, 30h             ; 字符 '0' 的 ASCII 码是 30h
```

```
        mov ah, 2            ;
        int 21h             ; 三句实现在屏幕输出 0

exit: mov ah, 4ch;                     ;
        int 21h             ; 程序终止
        code ends           ; 代码段结束
        end start           ; 汇编结束
```

5. 程序调试

自定义 buf 的值为 2AH，使用 debug 调试程序，并全速执行，过程如下所示：

D: \MASM611\bin>debug fenzhi.exe

-u

14F4: 0000 B8F314	MOV	AX, 14F3
14F4: 0003 8ED8	MOV	DS, AX
14F4: 0005 8EC0	MOV	ES, AX
14F4: 0007 A00000	MOV	AL, [0000]
14F4: 000A 242A	AND	AL, 2A
14F4: 000C B400	MOV	AH, 00
14F4: 000E BB0300	MOV	BX, 0003
14F4: 0011 B102	MOV	CL, 02
14F4: 0013 D2E8	SHR	AL, CL
14F4: 0015 7302	JNB	0019
14F4: 0017 FEC4	INC	AH
14F4: 0019 4B	DEC	BX
14F4: 001A 75F7	JNZ	0013
14F4: 001C 80FC00	CMP	AH, 00
14F4: 001F 7429	JZ	004A
14F4: 0011 B102	MOV	CL, 02
14F4: 0013 D2E8	SHR	AL, CL
14F4: 0015 7302	JNB	0019
14F4: 0017 FEC4	INC	AH
14F4: 0019 4B	DEC	BX
14F4: 001A 75F7	JNZ	0013
14F4: 001C 80FC00	CMP	AH, 00
14F4: 001F 7429	JZ	004A

-u

```
14F4: 0021 80FC01      CMP      AH, 01
14F4: 0024 740C        JZ       0032
14F4: 0026 80FC02      CMP      AH, 02
14F4: 0029 740F        JZ       003A
14F4: 002B 80FC03      CMP      AH, 03
14F4: 002E 7412        JZ       0042
14F4: 0030 EB1E        JMP      0050
14F4: 0032 B231        MOV      DL, 31
14F4: 0034 B402        MOV      AH, 02
14F4: 0036 CD21        INT      21
14F4: 0038 EB16        JMP      0050
14F4: 003A B232        MOV      DL, 32
14F4: 003C B402        MOV      AH, 02
14F4: 003E CD21        INT      21
14F4: 0040 EB0E        JMP      0050
-u
14F4: 0042 B233        MOV      DL, 33
14F4: 0044 B402        MOV      AH, 02
14F4: 0046 CD21        INT      21
14F4: 0048 EB06        JMP      0050
14F4: 004A B230        MOV      DL, 30
14F4: 004C B402        MOV      AH, 02
14F4: 004E CD21        INT      21
14F4: 0050 B44C        MOV      AH, 4C
14F4: 0052 CD21        INT      21
14F4: 0054 07          POP      ES
14F4: 0055 8F067C13    POP      [137C]
14F4: 0059 83C412      ADD      SP, +12
14F4: 005C 8F067413    POP      [1374]
14F4: 0060 8F067613    POP      [1376]
-
```

由于程序较长，所以用了三次反汇编命令 U，显示完整的反汇编代码。通过反汇编可以看到，程序最后一条指令的偏移地址是 0052。

下面通过全速执行命令 g 运行程序，结果如下：

　　-g = 0000 0052

3

AX = 4C33　　BX = 0000　　CX = 0002　　DX = 0033　　SP = 0000　　BP = 0000　　SI = 0000

DI = 0000 DS = 14F3　　ES = 14F3　　SS = 14F3　　cs = 14F4　　IP = 0052　　　　NV UP EI PL ZR NA

PE NC

14F4: 0052 CD21　　　　　　　INT　　　　　21

结果与实际数据的特征相符，验证正确。可以进一步修改变量的值，再次验证程序的逻辑正确性。

2.4　字符匹配程序

1．实验目的

本实验要达到以下目的：

(1) 进一步熟悉汇编语言开发环境，并将所学指令加以应用。

(2) 熟悉汇编语言的循环结构程序设计方法和逻辑地址使用方法。

(3) 熟悉汇编语言程序设计全过程。

2．实验内容

编写程序实现在内存地址 3000H：0100H～0200H 范围内查找字符"#"，若找到，则在屏幕输出 It is found；否则，输出 It is not found。说明：字符"#"的 ASCII 码是 23H。

3．原理分析

本实验需要解决的问题：

(1) 逻辑地址如何在代码中使用和表示。

(2) 如何在存储区域中搜索字符"#"。搜索的方法既可以用普通的转移指令实现一个循环来对每个存储单元的数据进行比较，也可以使用字符串重复指令和搜索指令来实现空格字符的查找。

(3) 如何验证程序的逻辑功能是对的？需要采用 debug 的相关调试命令来对存储单元的内容进行验证。

本实验的编程思路：

从一段地址 3000h：0100h 至 200h 之间依次进行字符查找，显而易见是一个循环的过程，首先需要考虑到用 CX 控制循环的次数，JZ 控制循环指令的跳转，LOOP 指令控制循环指令的执行顺序；其次，必须先将 3000h：0100h 的地址找到，然后利用循环指令从偏移量 100h 开始，一直到 200h，依次读取里面的内容。在此过程中，每读取一次内容，就将其和 23h 进行比较，找出这 100h 中第一个内容为 23h 的地址，并对应输出"It is found"，如果没有找出符合条件的地址，则输出"It is not found"。

参考流程图如图 2-3 所示。

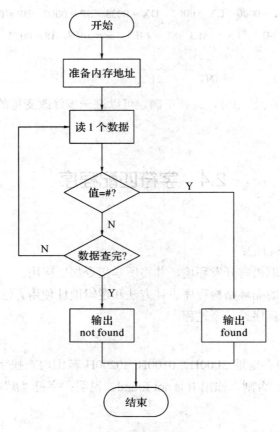

图 2-3　字符匹配程序流程图

4. 实验参考源程序

实验参考源程序如下：

```
data segment                    ; 数据段
msg1 db ' it is found' , 0dh, 0ah, '$'
; 表示定义一个单位为字节的 msg1，内容为 it is found'
msg2 db ' it is not found' , 0dh, 0ah, '$'
; 表示定义一个单位为字节的 msg2，内容为 ' it is not found'
data ends                       ; 数据段结束

code segment                    ; 代码段
    assume cs: code, ds: data   ; 建立代码段与数据段之间的关联
start:                          ; 程序开始
    mov ax, data                ; ax←data(表示将数据代码段的段地址传送给 ax)
    mov ds, ax                  ; ds←ax(表示将 ax 的值传送给数据段的段地址)
```

	mov bx, 3000h	; bx←3000h(表示将 3000h 值传送给基址寄存器)
	mov es, bx	; es←bx(表示将 bx 的值传送给附加的数据段段地址)
	mov si, 100h	; si←100h(si 表示偏移地址)
	mov cx, 100h	; cx←100h(cx 作为计数器, 用作循环和串操作等指令)
	mov ax, 0	; 将 ax 的值初始化
again:		
	mov bl, es: [si]	; 将首地址中的内容赋给 bl
	cmp bl, 23h	; 比较 bx 和 23h 的大小
	jz find	; 如果相等, 则转移到 find
	inc si	; 否则, si 自加 1, 指向下一个存储单元
	loop again	; 将 cx 减 1, 并判断是否为 0
	jmp notfind	; 无条件转移到 notfind
find:		
	lea dx, msg1	; 将数据段 msg1 的有效地址传送给 dx
	mov ah, 9h	
	int 21h	; 输出对应的字符串
	mov ah, 4ch	
	int 21h	; 程序终止, 返回到 dos 界面
notfind:		
	lea dx, msg2	; 将数据段 msg2 的有效地址传送给 dx
	mov ah, 9h	
	int 21h	; 输出对应的字符串
	mov ah, 4ch	
	int 21h	; 程序终止, 返回到 dos 界面
code ends		; 代码段结束
end start		; 汇编程序结束

5. debug 程序调试

编译汇编文件并调试汇编程序:

Microsoft(R) Windows DOS

(C)Copyright Microsoft Corp 1990-2001.

C: \DOCUME～1\ADMINI～1 > D:

D: \>CD MASM611\bin

D: \MASM611\bin>MASM 5.asm

Microsoft (R) MASM Compatibility Driver

Copyright (C) Microsoft Corp 1993.　All rights reserved.

Invoking: ML.exe /I. /Zm /c /Ta 5.asm

Microsoft (R) Macro Assembler Version 6.11

Copyright (C) Microsoft Corp 1981-1993.　All rights reserved.

Assembling: 5.asm

D: \MASM611\bin>LINK 5.obj

Microsoft (R) Segmented Executable Linker　Version 5.31.009 Jul 13 1992

Copyright (C) Microsoft Corp 1984-1992.　All rights reserved.

Run File [5.exe]:

List File [nul.map]:

Libraries [.lib]:

Definitions File [nul.def]:

LINK : warning L4021: no stack segment

　　进入 debug 调试器，先查询 3000: 100 至 120 的内容，可以看出没有#字符，调试程序如下：

D: \MASM611\bin>debug

-d 3000: 100　120

3000: 0100　　00 00 00 00 00 00 00 00-00 00 00 00 00 00 00 00　　................

3000: 0110　　00 00 00 00 00 00 00 00-00 00 00 00 00 00 00 00　　................

3000: 0120　　00

　　然后对二进制代码调试。通过反汇编命令 u 查看程序的地址和内容，找到程序的结束地址，命令如下：

D: \MASM611\bin>debug 5.exe

-u

```
14F4: 0000 B8F214        MOV      AX, 14F2
14F4: 0003 8ED8          MOV      DS, AX
14F4: 0005 BB0030        MOV      BX, 3000
14F4: 0008 8EC3          MOV      ES, BX
14F4: 000A BE0001        MOV      SI, 0100
14F4: 000D B90001        MOV      CX, 0100
14F4: 0010 B80000        MOV      AX, 0000
14F4: 0013 26            ES:
14F4: 0014 8A1C          MOV      BL, [SI]
14F4: 0016 80FB23        CMP      BL, 23
14F4: 0019 7405          JZ       0020
```

14F4: 001B 46	INC	SI
14F4: 001C E2F5	LOOP	0013
14F4: 001E EB0C	JMP	002C
-u		
14F4: 0020 8D160000	LEA	DX, [0000]
14F4: 0024 B409	MOV	AH, 09
14F4: 0026 CD21	INT	21
14F4: 0028 B44C	MOV	AH, 4C
14F4: 002A CD21	INT	21
14F4: 002C 8D160E00	LEA	DX, [000E]
14F4: 0030 B409	MOV	AH, 09
14F4: 0032 CD21	INT	21
14F4: **0034** B44C	MOV	AH, 4C
14F4: 0036 CD21	INT	21
14F4: 0038 06	PUSH	ES
--		

通过反汇编可以看到程序的最后一条指令的偏移地址是 0034。通过全速执行命令 g 执行程序到 0034 地址处。程序输出 It is not found，命令如下：

-g = 0000　0034

It is not found

AX = 4C24　BX = 3000　CX = 0000　DX = 000E　SP = 0000　BP = 0000　SI = 0200

DI = 0000 DS = 14F2　ES = 3000　SS = 14F2　cs = 14F4　IP = 003B　　NV UP EI PL NZ AC

PE CY

14F4: 003B CD21　　　　　INT　　　　21

-

通过存储单元修改命令将一个存储单元 3000: 0105 的值修改为 23H，命令如下：

-e　3000: 0105

3000: 0105　00.23

先查询 3000: 100 至 120 的内容，可以看出没有 "#" 字符，命令如下：

-d　3000: 100 120

3000: 0100　00 00 00 00 00 **23** 00 00-00 00 00 00 00 00 00 00　　。....#.........

3000: 0110　00 00 00 00 00 00 00 00-00 00 00 00 00 00 00 00　　...............

3000: 0120　00

-

然后通过全速执行命令 g 执行程序。输出 found，验证成功，命令如下：

-g = 0000 0034

It is　found

AX = 4C24　BX = 3000　CX = 0000　DX = 000E　SP = 0000　BP = 0000　SI = 0200

DI = 0000 DS = 14F2　ES = 3000　SS = 14F2　cs = 14F4　IP = 003B　　NV UP EI PL NZ

AC PE CY

14F4: 003B CD21　　　　　　　INT　　　　21

再次通过存储单元修改命令将一个存储单元 3000: 0105 的值修改为 00H，命令如下：

-d 3000: 100　120

3000: 0100　00 00 00 00 00 00 00 00-00 00 00 00 00 00 00 00　　"....#.........

3000: 0110　00 00 00 00 00 00 00 00-00 00 00 00 00 00 00 00　　...............

3000: 0120　00　　　　　　　　　　　　　　　　　　　　　　　.

-e　3000: 105

3000: 0105　23.33

然后再次通过全速执行命令 g 执行程序。输出　It is not found，验证成功，命令如下：

-g = 0000　0034

It is not found

AX = 0924　BX = 3000　CX = 0000　DX = 000E　SP = 0000　BP = 0000　SI = 0200

DI = 0000 DS = 14F2　ES = 3000　SS = 14F2　cs = 14F4　IP = 0034　　NV UP EI PL NZ

AC PE CY

14F4: 0034 B44C　　　　　　　MOV　　　AH, 4C

2.5　统计负数个数

1. 实验目的

本实验要达到以下目的：

(1) 熟悉汇编语言的循环结构程序设计方法和正负数据判断使用。

(2) 进一步熟悉汇编语言指令的应用，提高汇编语言的应用编程能力。

2. 实验内容

编写程序实现以下功能：已知从 ccc 单元开始存有 10 个 8 位带符号数，要求统计其中负数的个数放在 NEGA 字节单元，并显示在 CRT 上(设负数个数在 0～9 之间)。

3. 实验原理分析

本实验需要注意的问题：

(1) 10 个数据的变量如何在汇编程序中表示，每个数据的值如何获取。

(2) 如何判断每个数据的符号是正还是负，如何统计负数的个数。

实验算法参考流程图如图 2-4 所示。

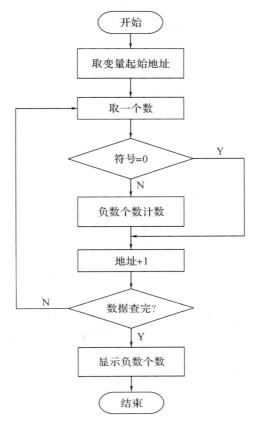

图 2-4　统计负数个数程序流程图

4. 参考程序

本实验的参考程序如下：

```
data segment
   ccc db    2, -1, 56, 8, 8, 8, 8, 8, 8, 8
   k equ    0ah
   fushu    db   ?
data ends
code segment
     assume cs: code, ds: data
start: mov ax, data
     mov      ds, ax
     lea      si,   ccc
     mov      dl, 0
     mov      cx, k
```

```
lp: mov     al, [si]
    and   al, al              ; 执行后，设置 sf 标志位。
    jns     next             ; sf＝0 为正，转移
    inc     dl               ; 计数
next: inc   si
    loop   lp
    mov     fushu, dl
    or      dl, 30h
    mov     ah, 2
    int     21h
    mov     ah, 4ch
    int     21h
code    ends
    end     start
```

5. 调试过程

下面对二进制代码调试。通过 debug 反汇编命令 u 查看程序的地址和内容，找到程序的结束地址。通过反汇编可以看到程序的最后一条指令的偏移地址是 0026。变量 ccc 在数据段的起始地址是 0000h。

```
D:\MASM611\bin>debug 6.exe
-u
14F3: 0000 B8F214        MOV    AX, 14F2
14F3: 0003 8ED8          MOV    DS, AX
14F3: 0005 8D360000      LEA    SI, [0000]
14F3: 0009 B200          MOV    DL, 00
14F3: 000B B90A00        MOV    CX, 000A
14F3: 000E 8A04          MOV    AL, [SI]
14F3: 0010 22C0          AND    AL, AL
14F3: 0012 7902          JNS    0016
14F3: 0014 FEC2          INC    DL
14F3: 0016 46            INC    SI
14F3: 0017 E2F5          LOOP   000E
14F3: 0019 88160A00      MOV    [000A], DL
14F3: 001D 80CA30        OR     DL, 30
-14F3: 000B B90A00       MOV    CX, 000A
14F3: 000E 8A04          MOV    AL, [SI]
14F3: 0010 22C0          AND    AL, AL
14F3: 0012 7902          JNS    0016
```

14F3: 0014 FEC2	INC	DL
14F3: 0016 46	INC	SI
14F3: 0017 E2F5	LOOP	000E
14F3: 0019 88160A00	MOV	[000A], DL
14F3: 001D 80CA30	OR	DL, 30

-u

14F3: 0020 B402	MOV	AH, 02
14F3: 0022 CD21	INT	21
14F3: 0024 B44C	MOV	AH, 4C
14F3: **0026** CD21	INT	21
14F3: 0028 FF367013	PUSH	[1370]
14F3: 002C FF367213	PUSH	[1372]
14F3: 0030 EB0A	JMP	003C

进入 debug 调试器，先全速执行程序，再用 d 命令查询变量 ccc 的数据内容为 02 09 38 FF 08 08 08 08-08 08，可以看出有 1 个负数-1(补码是 FFH)，命令如下：

-d　ds: 0000 0010

14E2: 0000　CD 20 FF 9F 00 9A F0 FE-1D F0 4F 03 FB 0E 8A 03　. ....O.....

14E2: 0010　FB

-g = 0000 0024

1

AX = 4C31　BX = 0000　CX = 0000　DX = 0031　SP = 0000　BP = 0000　SI = 000A

DI = 0000 DS = 14F2　ES = 14E2　SS = 14F2　cs = 14F3　IP = 0026　　NV UP EI PL NZ NA PO NC

14F3: 0026 CD21　　　　INT　　21

-d　ds: 0000　0010

14F2: 0000　02 09 38 FF 08 08 08 08-08 08 01 00 00 00 00 00　..8.............

14F2: 0010　B8

通过全速执行命令 g 执行程序到 0026 地址处。程序输出 1，命令如下：

-g = 0000　0024

1

AX = 4C31　BX = 0000　CX = 0000　DX = 0031　SP = 0000　BP = 0000　SI = 000A

DI = 0000 DS = 14F2　ES = 14E2　SS = 14F2　cs = 14F3　IP = 0026　　NV UP EI PL NZ NA PO NC

14F3: 0026 CD21　　　　INT　　21

-

将源代码中变量 ccc 的数据内容修改为 2，−9，56，−1，8，8，8，8，8，8，即增加一个负数 −9。重新编译链接源程序后，按照前述过程重新对二进制代码调试。

进入 debug 调试器，先全速执行程序。再用 d 命令查询变量 ccc 的数据内容为 02 F7 38 FF 08 08 08 08-08 08，可以看出有两个负数，分别是 –1(补码是 FFH)和 –9(补码是 F7H)，命令如下：

```
-g = 0000 0024
2
AX = 0232   BX = 0000   CX = 0000   DX = 0032   SP = 0000   BP = 0000   SI = 000A
DI = 0000 DS = 14F2   ES = 14E2   SS = 14F2   cs = 14F3   IP = 0024   NV UP EI PL NZ NA
PO NC
14F3: 0024 B44C          MOV        AH, 4C
-d ds: 0000 0010
14F2: 0000   02 F7 38 FF 08 08 08 08-08 08 02 00 00 00 00 00   ..8.............
14F2: 0010   B8
```

通过全速执行命令 g 执行程序到 0024 地址处。程序输出 2，命令如下：

```
-g = 0000 0024
2
AX = 0232   BX = 0000   CX = 0000   DX = 0032   SP = 0000   BP = 0000   SI = 000A
DI = 0000 DS = 14F2   ES = 14E2   SS = 14F2   cs = 14F3   IP = 0024   NV UP EI PL NZ NA
PO NC
14F3: 0024 B44C          MOV        AH, 4C
--
```

2.6 查找字符的地址

1. 实验目的

本实验要达到以下目的：

(1) 进一步熟悉汇编语言开发环境，并将所学指令加以应用。

(2) 熟悉汇编语言的字符串操作指令的使用和程序设计方法。

(3) 熟悉如何使用 debug 工具调试汇编语言源程序。

2. 实验内容

编写程序查询从地址 4000: 0078H 开始的 100 个内存字节单元是否有字符 a。如果有，则把第一个含此指定字符的存储单元的偏移地址送到 3000: 0022H 单元中，并且将 a 转换为大写后输出到屏幕；如没有找到，则把 0BBBBH 送到 3000: 0055H 单元中。

3. 实验原理分析

对实验原理进行分析：

(1) 注意大小写字母的转换方法。大小写字母的 ASCII 码值相差 20h。

(2) 在字符串中查找一个特定字符的方法。用字符串搜索指令，也可以用普通的比较指令。

(3) 找到字符 a 之后，如何确定其偏移地址？

设计流程图如图 2-5 所示。

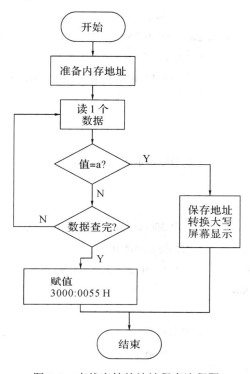

图 2-5　查找字符的地址程序流程图

4．程序参考代码

本实验程序参考代码如下：

```
data segment
buf1 db 'success: a', 0dh, 0ah, '$'
buf2 db 'no found', 0dh, 0ah, '$'
data ends
code segment
assume cs: code, ds: data
start:
    mov ax, data
mov ds, ax
    mov dx, 4000h
    mov es, dx                  ; 附加段寄存器的赋值，存放数据段存储区域的起始地址
    mov di, 78h                 ; 设置起始偏移地址 0078h
    mov al, 61h                 ; a 对应的 ASCII 码
    mov es: [0098h], al         ; 将 a 存放在地址为 4000：0098h 的单元内
```

```
        mov cx, 64h        ; 设置计数器为 100
        cld                ; 清方向标志, 使正向传送
        mov al, 61h        ; 给 al 赋值, 作为查找匹配的对象
        repnz scasb        ; 将查询地址 4000: 0078h 开始地址的值依次与 al 比较, 若相同, 则返回 1;
                           ; 否则, 返回 0
        jz   success       ; 若 zf = 1, 说明两字符相同, 找到 a, 转 success; 否则, 继续
        jmp notfound
not found:
        mov ax, data
        mov ds, ax         ; 将数据段重新定位到初始化
        mov ax, 0bbbbh
        mov dx, 3000h
        mov es, dx         ; 转至 3000h 起始地址的存储单元
        mov bx, 55h        ; 偏移地址 0055h
        mov es: [bx], ax   ; 把 0bbbbh 送到 3000: 0055h 单元
        mov dx, offset buf2
        mov ah, 9h
        int 21h            ; 输出 buf2
        jmp stop           ; 转至 stop
success:
        mov ax, data
        mov ds, ax         ; 将数据段重新定位到初始化
        mov dx, offset buf1
        mov ah, 9h
        int 21h            ; 输出 buf1
        dec di             ; 由于在 repnz scasb 命令中, 每次执行完 di 都是指向下一个, 所
                           ; 以这里需要减 1
        mov dx, 3000h
        mov es, dx         ; 转至 3000h 起始地址的存储单元
        mov bx, 22h
        mov es: [bx], di   ; 字符的存储单元的偏移地址送到 3000: 0022h 单元
        mov dx, 4000h
        mov es, dx         ; 转至 3000h 起始地址的存储单元
        mov al, es: [di]   ; 将查询到的 a 地址内容取出
        sub al, 20h        ; 减去 20h, 即将 a 转化为 A
        mov dl, al         ; 将值送至 dl
        mov ah, 02h
```

```
        int 21h              ; 输出字符(存在 dl 寄存器的字符)
        jmp stop
    stop:
        mov ah, 4ch
        int 21h              ; 返回 dos 操作系统
    code ends                ; 代码段结束
    end start                ; 源程序结束
```

5. 调试过程

具体过程如下：

源程序编译、链接之后，对二进制代码调试。通过 debug 反汇编命令 u 查看程序的地址和内容，找到程序的结束地址，命令如下：

```
D: \MASM611\bin>debug 7.exe
Libraries [.lib]:
Definitions File [nul.def]:
LINK : warning L4021: no stack segment

D: \MASM611\bin>7
success: A
D: \MASM611\bin>debug 7.exe
-u
14F4: 0000 BA0060      MOV     DX, 6000
14F4: 0003 8EC2        MOV     ES, DX
14F4: 0005 B8F214      MOV     AX, 14F2
14F4: 0008 8ED8        MOV     DS, AX
14F4: 000A BF7800      MOV     DI, 0078
14F4: 000D B061        MOV     AL, 61
14F4: 000F 26          ES:
14F4: 0010 A27800      MOV     [0078], AL
14F4: 0013 B96400      MOV     CX, 0064
14F4: 0016 FC          CLD
14F4: 0017 B061        MOV     AL, 61
14F4: 0019 F2          REPNZ
14F4: 001A AE          SCASB
14F4: 001B 741D        JZ      003A
14F4: 001D EB00        JMP     001F
14F4: 001F B8F214      MOV     AX, 14F2
-u
```

14F4: 0022 8ED8	MOV	DS, AX
14F4: 0024 B8BBBB	MOV	AX, BBBB
14F4: 0027 BA0030	MOV	DX, 3000
14F4: 002A 8EDA	MOV	DS, DX
14F4: 002C BB5500	MOV	BX, 0055
14F4: 002F 8907	MOV	[BX], AX
14F4: 0031 BA0800	MOV	DX, 0008
14F4: 0034 B409	MOV	AH, 09
14F4: 0036 CD21	INT	21
14F4: 0038 EB24	JMP	005E
14F4: 003A B8F214	MOV	AX, 14F2
14F4: 003D 8ED8	MOV	DS, AX
14F4: 003F BA0000	MOV	DX, 0000
14F4: 0031 BA0800	MOV	DX, 0008
14F4: 0034 B409	MOV	AH, 09
14F4: 0036 CD21	INT	21
14F4: 0038 EB24	JMP	005E
14F4: 003A B8F214	MOV	AX, 14F2
14F4: 003D 8ED8	MOV	DS, AX
14F4: 003F BA0000	MOV	DX, 0000

-u

14F4: 0042 B409	MOV	AH, 09
14F4: 0044 CD21	INT	21
14F4: 0046 4F	DEC	DI
14F4: 0047 BA0030	MOV	DX, 3000
14F4: 004A 8EDA	MOV	DS, DX
14F4: 004C BB2200	MOV	BX, 0022
14F4: 004F 893F	MOV	[BX], DI
14F4: 0051 26	ES:	
14F4: 0052 8A05	MOV	AL, [DI]
14F4: 0054 2C20	SUB	AL, 20
14F4: 0056 8AD0	MOV	DL, AL
14F4: 0058 B402	MOV	AH, 02
14F4: 005A CD21	INT	21
14F4: 005C EB00	JMP	005E
14F4: 005E B44C	MOV	AH, 4C
14F4: **0060** CD21	INT	21

通过反汇编可以看到程序的最后一条指令的偏移地址是 0060h。

由于源程序中，mov es: [0098h], al 将指定范围内的 0098 偏移地址对应的单元内容设置为字母 a。用 d 命令查询数据段区域 4000: 0078h 开始的 100 个存储单元的数据内容，命令如下：

```
-d 4000: 0078    0100
4000: 0070                           00 00 00 00 00 00 00 00      ........
4000: 0080   00 00 00 00 00 00 00 00-00 00 00 00 00 00 00 00      ................
4000: 0090   00 00 00 00 00 00 00 00-61 00 00 00 00 00 00 00      ................
4000: 00A0   00 00 00 00 00 00 00 00-00 00 00 00 00 00 00 00      ................
4000: 00B0   00 00 00 00 00 00 00 00-00 00 00 00 00 00 00 00      ................
4000: 00C0   00 00 00 00 00 00 00 00-00 00 00 00 00 00 00 00      ................
4000: 00D0   00 00 00 00 00 00 00 00-00 00 00 00 00 00 00 00      ................
4000: 00E0   00 00 00 00 00 00 00 00-00 00 00 00 00 00 00 00      ................
4000: 00F0   00 00 00 00 00 00 00 00-00 00 00 00 00 00 00 00      ................
4000: 0100   00                                                   .
```

可以看出有字符 a，偏移地址是 0098h。

通过全速执行命令 g 执行程序到 005c 地址处。程序输出 success: A，命令如下：

```
-g = 0000 005c
success: A
AX = 0241   BX = 0022   CX = 0063   DX = 3041   SP = 0000   BP = 0000   SI = 0000
DI = 0078 DS = 3000   ES = 6000   SS = 14F2   cs = 14F4   IP = 005C     NV UP EI PL NZ NA
PE NC
14F4: 005C EB00          JMP       005E
```

进入 debug 调试器，先全速执行程序。再查看内存单元 3000: 0022h 的内容是字母 a 的地址：0098h，验证程序执行正确，命令如下：

```
-d   3000: 0022 002f
3000: 0020        98 00 00 00 00 00-00 00 00 00 00 00 00 00      ..............
-
```

当将源程序中 a 的赋值代码注释掉后，重新对源程序进行编译，链接。并将 4000: 0098 单元的内容清零。

用 d 命令查询数据段区域 4000: 0078h 开始的 100 个存储单元的数据内容，命令如下：

```
-e 4000: 0098
4000: 0098   61.00
-d 4000: 0078 0100
4000: 0070                           00 00 00 00 00 00 00 00      ........
4000: 0080   00 00 00 00 00 00 00 00-00 00 00 00 00 00 00 00      ................
4000: 0090   00 00 00 00 00 00 00 00-00 00 00 00 00 00 00 00      ........".......
```

```
4000: 00A0    00 00 00 00 00 00 00 00-00 00 00 00 00 00 00 00    ................
4000: 00B0    00 00 00 00 00 00 00 00-00 00 00 00 00 00 00 00    ................
4000: 00C0    00 00 00 00 00 00 00 00-00 00 00 00 00 00 00 00    ................
4000: 00D0    00 00 00 00 00 00 00 00-00 00 00 00 00 00 00 00    ................
4000: 00E0    00 00 00 00 00 00 00 00-00 00 00 00 00 00 00 00    ................
4000: 00F0    00 00 00 00 00 00 00 00-00 00 00 00 00 00 00 00    ................
4000: 0100    00                                                 .
-
```

全速执行程序，结果如下：

```
-g = 0000 005b
no found
```

再查看内存单元 3000: 0055 的内容是 0BBBBH，验证程序执行正确，命令如下：

```
-d   3000: 0055   0060
3000: 0050                      BB BB 00-00 00 00 00 00 00 00 00    ..........
3000: 0060   00                                                    .
```

2.7 简单密码转换实验

1. 实验目的

本实验要达到以下目的：

(1) 进一步熟悉汇编语言指令的应用，提高汇编语言的应用编程能力。

(2) 熟悉密码、明文、密文的设计方法。

2. 实验内容

从键盘上输入一个 0～9 之间的数字或英文字符，屏幕不显示明文内容，而是显示"*"，将键入的数字和字符的混合字符串加密后存入 MIMA 单元并显示在屏幕上。编写程序并测试。

3. 实验原理分析

对实验原理进行分析：

(1) 键入密码时，不能在屏幕上显示明文内容，而是显示"*"，只能使用 DOS 系统功能调用的 7 号功能(键盘输入一个字符并不回显)。

(2) 密码转换算法即密文生成方法，为了使数据能够保密，可以建立一个密码表，利用换码指令 XLAT 将数据加密。比如，可以选择密码如下。

数字：0，1，2，3，4，5，6，7，8，9

密码字：a，w，c，z，e，n，g，h，i，p

字符：a，b，c，d，e，f，g，h，i，j，k，l，m，n，o，p，q，r，s，t，u，v，w，x，y，z

密码字：g，h，i，j，k，l，m，n，o，p，q，r，s，t，u，v，w，x，y，z，a，b，c，d，e，f

即字符用其后第 5 个字符代替。

定义数据：t1 DB　'ghijklmnopqrstuvwxyzabcdef'，数据 t1 是小写字符的密码转换表。例如输入 a，就找 t1 中第一个字符，即转换为其后的第 5 个字符。

大写密码转化如下。

原字符：A，B，C，D，E，F，G，H，I，J，K，L，M，N，O，P，Q，R，S，T，U，V，W，X，Y，Z

密码字：G，H，I，J，K，L，M，N，O，P，Q，R，S，T，U，V，W，X，Y，Z，A，B，C，D，E，F

定义数据：t2　DB　'GHIJKLMNOPQRSTUVWXYZABCDEF'，数据 t2 是大写字符的密码转换表。例如输入 A，就找 t2 中第一个字符，即转换为其后的第 5 个字符。

程序流程图如图 2-6 所示。

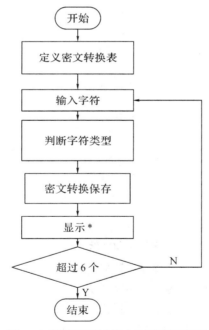

图 2-6　简单密码转换实验程序流程图

4. 实验参考源程序

本实验参考源程序如下：

```
data    segment
    tab1    db   'awczenghip'              ; 数字对应的码表
    mima    db   6 dup (?), '$'            ; 分配 6 个字节, 只能输入 6 个字符
    t1      db   'ghijklmnopqrstuvwxyzabcdef'  ; 小写, 输入的 a, 就找 t1 中第一个字符,
                                           ; 即转换为其后的第 5 个字符
```

```
        t2    db   'ghijklmnopqrstuvwxyzabcdef'      ；大写，输入的是 a，就找 t2 中第一个字符，
                                                     ；转换为其后的第 5 个字符，表已经转换好了

    tishi1    db 0dh, 0ah, 'input:   $'              ；先换行，再显示  input
    tishi2    db 0dh, 0ah, 'output: $'
data   ends

stack segment
    stt db 100 dup(?)
stack ends
code segment
    assume   cs: code
    assume   ds: data
    assume   ss: stack
start: mov ax, data
    mov ds, ax
    mov ax, stack
    mov ss, ax
    lea dx, tishi1
    mov ah, 9
    int 21h
    mov si, 0
k0:   mov al, 0
    mov ah, 1
    int 21h
    test al, 40h          ；区分数字和字母
    jz k1                 ；是数字，转 k1
    test al, 20h          ；区分大小写字母
    jz k2                 ；是大写，转 k2
    sub al, 60h           ；是小写，a = 61h   61h-61h = 0h   算出在表中的序号
    lea bx, t1
    xlat                  ；小写，输入的 a，就找 t1 中第一个字符，即转换为其后的
                          ；第 5 个字符，表已经转换好了
    mov mima[si], al
    inc si
    mov dl, '*'           ；显示星号 *
    mov ah,   2
    int 21h
```

```
        cmp si, 06h              ; 控制密码只有 6 个字符
        jz k6
        jmp k0
k2:
        cmp al, 5ah              ; 排除大小写之间的字符
        ja done
        sub al, 40h              ; 是大写，a = 41h，  41h-41h = 0h，算出字符在表中的序号
        lea bx, t2
        xlat           ; 大写，若输入 A，就找 t2 中第一个字符，即转换为其后的第 5 个字符
        mov mima[si], al
        mov dl, '*'              ; 显示星号
        mov ah,   2
        int 21h
        inc si
        cmp si, 06h              ; 控制密码只有 6 个字符
        jz k6
        jmp k0
k1:
        cmp al, '0'              ; 排除数字之外的其他字符
        jb done
        cmp al, '9'
        ja done
        and al, 0fh
        lea bx, tab1
        xlat
        mov mima[si], al
        mov dl, '*'              ; 显示星号 *
disp:
        mov ah,   2
        int 21h
        inc si
        cmp si, 06h              ; 控制密码只有 6 个字符
        jz k6
        jmp k0
k6:
        lea dx, tishi2
        mov ah, 9
```

```
        int 21h
        lea dx, mima
        mov ah, 9
        int 21h
done:
        mov ah, 4ch
        int 21h
        code ends
        end start
```

5. 程序调试

编译链接后生成 exe 可执行文件。下面只通过键盘输入 1 个字符 1，程序详细运行过程调试如下。

第一次，进行密文转换，并保存在变量 mima 中。寄存器 SI 变为 0001。使用 1 号 dos 功能调用，屏幕回显了 1，然后显示了 *。根据 debug 反汇编命令查到变量 mima 在数据段的偏移地址是 000Ah，命令如下：

```
D: \MASM611\bin>debug 9.exe
-u
14FF: 0000 B8F214        MOV      AX, 14F2
14FF: 0003 8ED8          MOV      DS, AX
14FF: 0005 B8F814        MOV      AX, 14F8
14FF: 0008 8ED0          MOV      SS, AX
14FF: 000A 8D164500      LEA      DX, [0045]
14FF: 000E B409          MOV      AH, 09
14FF: 0010 CD21          INT      21
14FF: 0012 BE0000        MOV      SI, 0000
14FF: 0015 B000          MOV      AL, 00
14FF: 0017 B401          MOV      AH, 01
14FF: 0019 CD21          INT      21
14FF: 001B A840          TEST     AL, 40
14FF: 001D 743A          JZ       0059
14FF: 001F A820          TEST     AL, 20
-u
14FF: 0021 7419          JZ       003C
14FF: 0023 2C61          SUB      AL, 61
14FF: 0025 8D1E1100      LEA      BX, [0011]
14FF: 0029 D7            XLAT
14FF: 002A 88840A00      MOV      [SI+000A], AL
```

14FF: 002E 46	INC	SI
14FF: 002F B22A	MOV	DL, 2A
14FF: 0031 B402	MOV	AH, 02
14FF: 0033 CD21	INT	21
14FF: 0035 83FE06	CMP	SI, +06
14FF: 0038 7440	JZ	007A
14FF: 003A EBD9	JMP	0015
14FF: 003C 3C5A	CMP	AL, 5A
14FF: 003E 774A	JA	008A
14FF: 0040 2C41	SUB	AL, 41

-

14FF: 0031 B402	MOV	AH, 02
14FF: 0033 CD21	INT	21
14FF: 0035 83FE06	CMP	SI, +06
14FF: 0038 7440	JZ	007A
14FF: 003A EBD9	JMP	0015
14FF: 003C 3C5A	CMP	AL, 5A
14FF: 003E 774A	JA	008A
14FF: 0040 2C41	SUB	AL, 41

-u

14FF: 0042 8D1E2B00	LEA	BX, [002B]
14FF: 0046 D7	XLAT	
14FF: 0047 88840A00	MOV	[SI+000A], AL
14FF: 004B B22A	MOV	DL, 2A
14FF: 004D B402	MOV	AH, 02
14FF: 004F CD21	INT	21
14FF: 0051 46	INC	SI
14FF: 0052 83FE06	CMP	SI, +06
14FF: 0055 7423	JZ	007A
14FF: 0057 EBBC	JMP	0015
14FF: 0059 3C30	CMP	AL, 30
14FF: 005B 722D	JB	008A
14FF: 005D 3C39	CMP	AL, 39
14FF: 005F 7729	JA	008A
14FF: 0061 240F	**AND**	**AL, 0F**

-u

| 14FF: 0063 8D1E0000 | LEA | BX, [0000]　; kkk1 |

14FF: 0067 D7	XLAT	
14FF: 0068 88840A00	MOV	[SI+000A], AL
14FF: 006C B22A	MOV	DL, 2A
14FF: 006E B402	MOV	AH, 02
14FF: 0070 CD21	INT	21
14FF: 0072 46	INC	SI
14FF: 0073 83FE06	CMP	SI, +06
14FF: 0076 7402	JZ	007A
14FF: 0078 EB9B	JMP	0015
14FF: 007A 8D165000	LEA	DX, [0050]
14FF: 007E B409	MOV	AH, 09
14FF: 0080 CD21	INT	21
14FF: 0082 8D160A00	LEA	DX, [000A]
- 14FF: 006E B402	MOV	AH, 02
14FF: 0070 CD21	INT	21
14FF: 0072 46	INC	SI
14FF: 0073 83FE06	CMP	SI, +06
14FF: 0076 7402	JZ	007A
14FF: 0078 EB9B	JMP	0015
14FF: 007A 8D165000	LEA	DX, [0050]
14FF: 007E B409	MOV	AH, 09
14FF: 0080 CD21	INT	21
14FF: 0082 8D160A00	LEA	DX, [000A]
-u		
14FF: 0086 B409	MOV	AH, 09
14FF: 0088 CD21	INT	21
14FF: **008A** B44C	MOV	AH, 4C
14FF: 008C CD21	INT	21
-		

全速执行程序到 008A 地址处，通过 d 命令查看变量 mima，发现其内容为 77 00 00 00 00 00。即数字 1 经过密码转换为 w，并保存在变量 mima 的第一个字节中，功能验证正确，命令如下：

-g = 0000 008a

input:　1*

AX = 010D　BX = 0000　CX = 015E　DX = 002A　SP = 0000　BP = 0000　SI = 0001

DI = 0000 DS = 14F2　ES = 14E2　SS = 14F8　cs = 14FF　IP = 008A　　NV UP EI NG NZ

NA PE CY

14FF: 008A B44C　　　MOV　　　　AH, 4C

-d ds: 0000 000f

14F2: 0000　61 77 63 7A 65 6E 67 68-69 70 77 00 00 00 00 00　　awczenghipw.....

全速执行程序到 008A 地址处，分 6 次逐个输入字符 123456，SI 依次加 1，程序完成密文显示，并保存在变量 mima 中。寄存器 SI 变为 0006，屏幕显示输入的明文和* 号，并输出密文。

程序执行如下所示：

D: \MASM611\bin>debug　9.exe

-g = 0000 008a

input:　　1*2*3*4*5*6*

output: wczeng

AX = 0924　BX = 0000　CX = 015E　DX = 000A　SP = 0000　BP = 0000　SI = 0006

DI = 0000 DS = 14F2　ES = 14E2　SS = 14F8　cs = 14FF　IP = 008A　　NV UP EI PL ZR NA

PE NC

14FF: 008A B44C　　　MOV　　　　AH, 4C

-d ds: 0000　000f

14F2: 0000　61 77 63 7A 65 6E 67 68-69 70 77 63 7A 65 6E 67　　awczenghipwczeng

通过 d 命令查看变量 mima，发现其内容为 77 63 7A 65 6E 67。即数字 123456 经过密码转换为 wczeng，并保存在变量 mima 的 6 个字节中，通过和密码对应表比较，密码转换一一对应无误，程序功能实现正确。

如果使用 emu8086 编译链接后生成 exe 可执行文件，结果如图 2-7～图 2-10 所示。

D: \MASM611\bin>9.exe

input:

图 2-7　程序运行结果

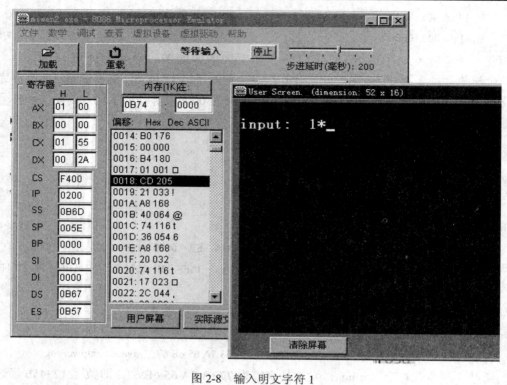

图 2-8　输入明文字符 1

依次输入了后续 5 个字符后，SI 依次加 1，程序完成密文显示，并保存在变量 mima 中。寄存器 SI 变为 0006，屏幕显示输入的明文和 * 号，并输出密文。

图 2-9　输入 6 个明文字符

另外，查看数据段 mima 变量所占的空间，保存了密文字符串 wczHiG。

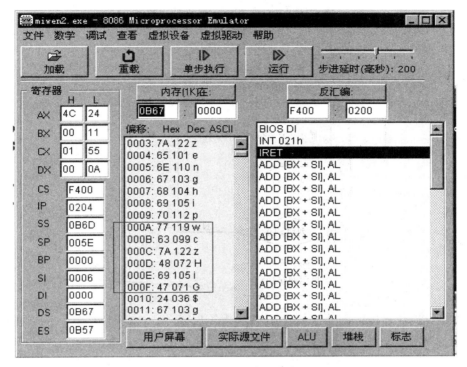

图 2-10　mima 变量内容

2.8　屏幕图形输出实验

2.8.1　正方形输出实验

1. 实验目的

本实验要达到以下目的：

(1) 进一步熟悉汇编语言开发环境，并将所学指令加以应用。

(2) 熟悉汇编语言多重循环结构程序的设计方法。

(3) 熟悉如何使用汇编语言实现屏幕显示的系统功能调用。

2. 实验内容

按照 10 行 10 列在屏幕上显示 0～9 十个数字字符：每行按照 ASCII 码递增的顺序显示 10 个数字字符 0～9，每个字符之间有空格隔开，重复显示 10 行。

3. 实验原理分析

采用双重循环的方法实现：内循环完成一行 10 个字符的显示，外循环再重复 9 次屏幕输出显示，共 10 行 10 列字符输出，呈现正方形。程序参考流程图如图 2-11 所示。

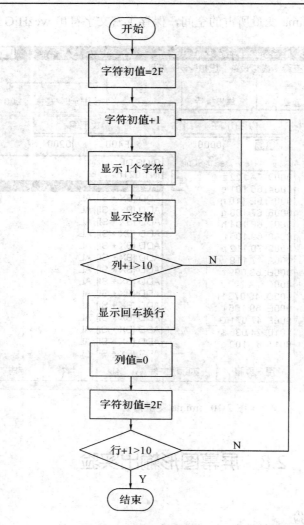

图 2-11　屏幕图形输出实验程序流程图

4. 实验参考程序

本实验参考程序如下：

```
    data    segment
      h   db   0              ; 行
      nie db   0              ; 列
    data   ends

    stack   segment
        stt db 100 dup(?)
    stack   ends
```

```
code segment
    assume cs: code
    assume ds: data
    assume ss: stack
start: mov ax, data
    mov ds, ax
    mov ax, stack
    mov ss, ax
    mov dl, 2fh            ; +1 = '0' = 30h
k1:
    add dl, 01h ;
    mov ah, 2          ;
    int 21h
    push dx               ; dl 值不要冲突，先是 30h，后改为空格的 20h，影响下一个字符的
                         ; 显示，所以要压栈
    mov dl, 20h           ; 空格
    mov ah, 2
    int 21h
    pop dx
    inc nie
    cmp nie, 0ah          ; 10 个数字字符
    jnz k1               ; 显示 10 列，0～9
    push dx ;
    mov dl, 0dh           ; 回车符，一行 10 个字符显示完，再换行
    mov ah, 2
    int 21h
    mov dl, 0ah           ; 换行符
    mov ah, 2
    int 21h
    pop dx
    mov dl, 2fh           ; 2fh +1 = '0' = 30h
    inc h                ; 行数+1
    mov nie, 0           ; 10 列  ，重新显示下一行的十列，列值 清零
    cmp h, 0ah           ; 10 行  是 0a
        jnz k1
done: mov ah, 4ch
    int 21h
```

```
        code ends
            end start
```

5. 代码分析

对代码进行分析：

(1) 通过内外两重循环实现正方形的字符块显示。内循环控制每行 10 个字符的显示，每行显示完后换行。外循环控制 10 行的重复显示。每行显示内容一样。

(2) 初值的设置。通过指令 mov dl, 2fh 将显示字符的初值设置为 2FH，内循环中通过执行 add dl, 01h 指令加 1 后，成为第一个显示的字符 "0"。行、列的初值都设为 0。

每轮内循环执行完毕，显示字符初值和列值，列变量 nie 都重新赋初值。为下一行显示相同的 10 个数字字符做准备。

```
        mov dl, 2fh     ; +1 = '0' = 30h
        inc h           ; 行数+1
        mov nie, 0
```

(3) dx 寄存器的压栈保护。由于程序中显示的字符包括：0~9，回车符、换行符及空格符，显示的次序有先后，因此需要注意 dx 的值不要冲突，以免影响十行 0~9 字符的显示，即显示空格符、回车和换行符之前要压栈保护 dx。

6. 程序调试过程

编译链接后生成.exe 可执行文件。

在程序的恰当(第一行显示完毕)处，设置程序断点，实现只让程序显示一行字符，方法如下：用鼠标在程序内循环结束的指令处即需要中断的地方单击鼠标一下，再执行调试菜单中的子功能 "运行至获取" 即可，如图 2-12 所示。

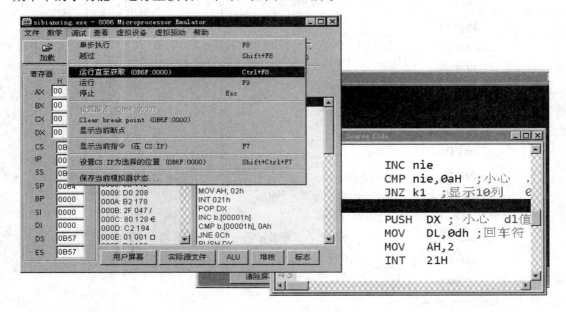

图 2-12　程序运行至断点

运行后，程序执行了第一次内循环，显示一行 0～9 字符，如图 2-13 所示。

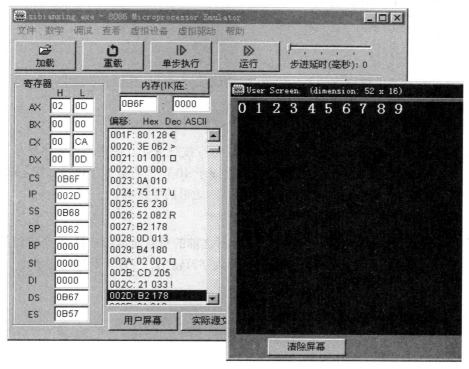

图 2-13 显示一行 0～9 字符

如果连续运行程序，则得到如图 2-14 所示的正方形字符块显示结果。

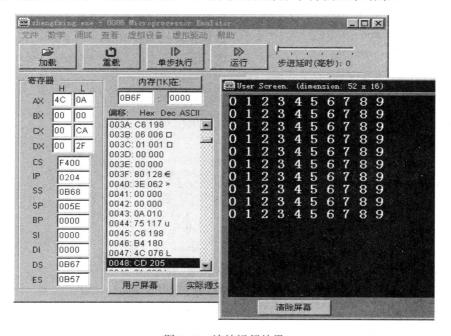

图 2-14 连续运行结果

2.8.2　平行四边形输出实验

1. 实验目的

本实验要达到以下目的：

(1) 进一步熟悉汇编语言开发环境，并将所学指令加以应用。

(2) 熟悉汇编语言实现循环结构程序的设计方法。

2. 实验内容

按照 10 行 10 列显示 A～J 十个数字字符：每行按照 ASCII 码递增的顺序显示 10 个英文字符 A～J，每个字符之间有空格隔开，重复显示 10 行。从第 1 行开始每行之前加一个空格字符，这样 10 行显示完毕后就形成了平行四边形的字符块。

3. 实验原理分析

采用双重循环的方法实现：内循环完成每行之前的空格显示和一行 10 个字符的显示，外循环再重复 9 次屏幕输出显示，共 10 行 10 列字符输出，呈现平行四边形。

4. 程序参考代码

本实验程序参考代码如下：

```
data segment
  n    db    0
  l    db    0
  q    db    0    ;
data ends
stack    segment
    stt    db 100    dup(?)
stack ends
code segment
    assume    cs: code
    assume    ds: data
    assume    ss: stack
start: mov ax, data
    mov ds, ax
    mov ax, stack
    mov ss, ax
    mov dl, 40h          ; +1 = 'a' = 41h
f3:    push dx           ; 保护要显示的数字字符初值 40h
    mov bh, n            ; q 控制每行之前的空格个数
    mov q, bh
f1:
```

```
        cmp q, 0
        jz f2
        mov dl, 20h          ;
        mov ah, 2            ;
        int 21h
        sub q, 1
        jnz f1               ; 第 h 行之前加 h 个空格字符
        pop dx               ; 恢复显示字符的初值  2fh
f2:     add dl, 01h          ; 开始显示数字字符
        mov ah, 2            ;
        int 21h
        push dx
        mov dl, 20h          ; 空格
        mov ah, 2            ;
        int 21h
        pop dx
        add l, 1
        cmp l, 0ah           ; 10 个数字字符
        jnz f1               ; 显示 10 列
        push dx ;
        mov dl, 0dh          ; 回车符
        mov ah, 2
        int 21h
        mov dl, 0ah          ; 换行符
        mov ah, 2
        int 21h
        pop dx
        mov dl, 40h          ; +1 = 'a' = 41h
        add n, 1             ; 行数+1
        mov l, 0             ; 重新显示下一行的十列，列值 清零
        cmp h, 0ah           ; 10 行
        jnz f3
done:   mov ah, 4ch
        int 21h
code ends
        end start
```

5. 代码分析

对代码进行分析：

(1) 通过两重循环实现平行四边形的字符块显示。内循环控制每行的 10 个英文字符和每行之前的空格字符的显示，每行显示完后换行。外循环控制 10 行的重复显示。每行显示的 10 个字符内容一样。

(2) 每行之前的空格输出。

```
k3:     push dx              ; 保护要显示的数字字符初值 40h
        mov cl, h            ; q 控制每行之前的空格个数
        mov q, cl
k1:     cmp q, 0
        jz k2
        mov dl, 20h ;
        mov ah, 2              ;
        int 21h
        dec q
        jnz k1               ; 第 h 行之前加 h 个空格字符
        pop dx               ; 恢复显示字符的初值 40h
```

注意：每行的空格个数由 q 变量控制循环次数。输出空格之前要压栈保护 dl 的初值 2fh。

(3) 值的设置。通过指令 mov dl, 40h 将显示字符的初值设置为 40h，内循环中通过执行 add dl, 01h 命令加 1 后，成为第一个显示的字符 'a'。行列的初值都设为 0。每轮内循环执行完毕后，显示字符初值和列值 nie 变量都重新赋初值。为下一行显示相同的 10 个英文字符做准备。

```
mov dl, 40h           ; +1 = 'a' = 41h
add h, 1              ; 行数+1
mov l, 0
```

(4) dx 寄存器的压栈保护。由于程序中显示的字符包括：A～J，回车符、换行符及空格符，显示的次序有先后，因此需要注意 dx 的值不要冲突，以免影响 10 行 A～J 字符的显示，即显示空格符、回车和换行符之前要压栈保护 dx。

6. 调试程序及运行结果

编译链接后生成 exe 可执行文件。

在程序的外循环第二行开始之前(第一行显示完毕)设置断点，即只让程序显示一行，设置方法：运行前用鼠标在需要中断的点单击一下(图 2-15 中黑色条线处)，然后找到调试菜单(debug)中的"运行直至获取"(run until)选项单击就可以了，如图 2-15 所示。

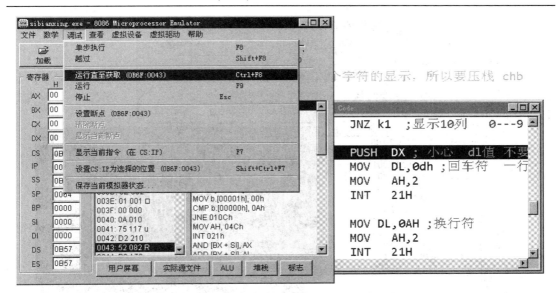

图 2-15 程序调试

运行后，程序执行了第一次内循环，显示一行 A~J 共 10 个字符，如图 2-16 所示。

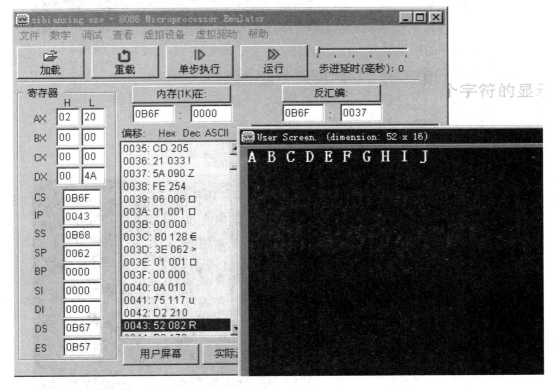

图 2-16 一次内循环运行结果

将指令 CMP h, 0Ah 改为 CMP h, 05h，连续执行程序，得到如图 2-17 所示的 5 行字符块显示效果。

图 2-17　程序运行过程

连续执行程序的结果如图 2-18 所示。

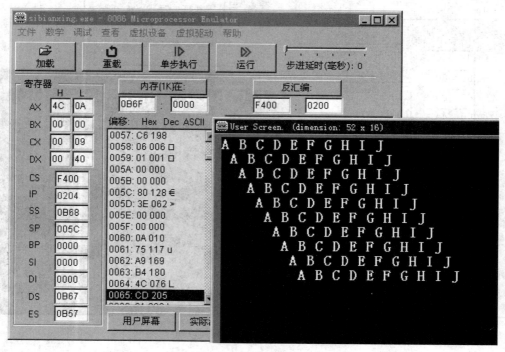

图 2-18　程序运行结果

第 3 章

微机仿真实验系统

在微机原理课程教学中，传统的教学法——以教师为中心的教学模式忽视了学生的认知主体作用，在整个教学过程中，以"教"为主，缺乏互动，难以激发学生的学习热情，教学效果不佳，也不利于培养具有创新思维能力的应用型本科人才。

另外，汇编语言与微机原理是一门实践性很强的课程，必须在课堂教学之外辅以大量的实验，才能让学生真正掌握好知识的应用。一般的学校实践环节都是以微机硬件实验箱为实验平台，这种平台的设备成本高、易误操作、易损坏，且实验效果不佳。

为改善这一现状，需要对汇编语言与微机原理课程教学进行改革。本书介绍了基于 Proteus 仿真平台的课程理论教学改革，并推行实践教学改革，即摆脱硬件实验环境薄弱和设备老化的问题，建立基于 Proteus 的微机原理实验教学平台，制定合适的基础实验和应用开发实验项目，设计课外拓展的实践项目，并将课堂教学与自主学习有机地结合起来，从而强化实践教学，以便有效调动学生学习的积极性，提高学生的微机软硬件系统应用开发能力，培养具有创新精神的应用型人才。具体改革内容如下。

1. 思路

采用 Proteus 和 keil 构建微机原理虚拟仿真实验平台，只要一台电脑就可以完成微机原理实验，不仅满足基本实验需求，还可以进行应用项目开发，从而大大减少硬件实验箱和元器件的投资，更容易激发学生课堂和课后的学习兴趣。

通过仿真软件进行设计开发，调试成功后再进行实验箱实验或实物制作，可提高实物系统开发的成功率。另外可实行以学生为主体、教师指导为辅助的课外开放实验教学模式，弥补实验设备和实验课时不足的缺点，给学生更多实践和锻炼的机会，更好地培养学生的创新思维以及提高学生的软硬件开发综合能力。

2. 基于仿真案例的课堂教学和实验教学

针对应用技术大学人才培养目标和我校网络工程、物联网工程专业的特点，即硬件课程只是辅助课程，硬件课程理论够用即可，注重实践的原则，我们将"教、学、做"的模式贯穿在教学活动中，逐步构建以实践案例为教学主线、理论联系实际的课程教学体系，在教学中引入 Proteus 仿真软件、可视化的 8086 模拟工具 emu8086 来讲授微机原理和汇编程序设计。通过案例教学法，引入教学知识点相关的项目案例，借助仿真实验软件演示微机硬件设计和汇编语言程序的运行结果，调动学生的学习积极性。

对于指令系统的学习，引入 emu8086 软件进行指令教学。通过仿真工具对指令的功能原理和语法知识点进行讲解、演示，对系统软硬件设计进行辅助教学，摒弃了传统的只讲解理论知识的缺陷。

对于硬件模块理论和接口技术的教学，通过搭建 8086 最小模式下的硬件结构、规划 I/O 地址分配，然后在此基础上依据相关的知识点设计相应的硬件实验，包括设计电路、编写硬件驱动代码等。结合基本的原理介绍，重点通过实际案例实验电路讲解硬件知识，通过代码分析阐述硬件应用编程，真正做到"教、学、做"的有机结合。通过这种方式的理论教学，消除传统教学采取的纯理论知识点讲解的枯燥感和抽象性，打破硬件神秘感和学生对其畏惧的情绪，让学生初步了解硬件原理之后，迅速深入到具体的案例实验中，落实到具体的硬件模块和应用中，即让硬件知识的学习有了落脚点。

3. 课外拓展实验

在课堂教学的基础上，开展课外研究性教学，这是提高学生探索问题、解决问题能力的重要方法。根据教师、学生和微机原理实验环境的现状，量力而行、因地制宜地引入课外拓展实验教学。

课程实践引入 Proteus 仿真软件，采用 Proteus 和 emu8086 构建微机原理虚拟仿真实验平台，既满足基本实验需求，又能进行应用项目开发，不仅降低硬件系统的投资，而且学生的实验时间、地点和条件不受限制，更容易调动和激发学生的课堂和课后的学习兴趣。

在微机原理课外拓展实验中通过仿真的方式开展实践活动。教师设置探索问题，提供各个硬件模块的基本仿真实验例子，并提出拓展的方向和拟作的课题，学生选择感兴趣的方向并自己确定题目、查阅资料、制订方案、分组协作完成。条件具备的情况下，在物理实验系统中验证仿真的正确性，可能的情况下，还可以指导学生独立自主地设计制作硬件电路并在实物上调试软硬件系统。最后各组总结整理、交流评价。

通过自主性探索课题的实践，使学生把知识学活，开拓学生与本课程相关的知识视野，引导学生研究新的问题、学习新的知识，增强学生的学习兴趣，培养学生理论与实际相结合的能力，从而提高个体的自主学习能力和团队的协作学习能力。

3.1　译码电路及 I/O 端口地址分配

3.1.1　I/O 地址译码

目前，我校汇编语言与微机原理课程的课内实验是以清华教仪厂生产的 16 位微机实验箱 TPC-ZK 作为实验平台，存在一个与其他厂家的设备类似的问题，即实验箱硬件固化，学生不能够参与硬件模块的细节设计和扩展设计，试验箱的开放性较差。其中一个基础性的重要缺陷就是：实验箱中关于微机外设模块的 I/O 地址译码电路是封闭的，学生无法直接理解 I/O 地址的原理，对外设模块的片选信号实质原理也不能够理解。

　　I/O 地址译码是为了解决微处理器和外设交换数据的过程中如何有效区分众多外设模块的问题，即通过设计微机应用系统统一的 I/O 地址译码电路，使用尽量少的空闲地址总线信号的不同组合，产生多个互斥的输出低电平信号，每个输出信号作为外设接口模块的片选信号使用，以便实现对外设端口的精确寻址。所以在一个微机应用系统的设计期间，为外设模块设计合理的接口片选信号，是应用系统开发过程中的重要环节。

3.1.2　设计方案

　　以当前汇编语言与微机原理课程教学中普遍采用的 8086 微处理器为例，在设计 I/O 地址译码电路时，根据微机应用系统的硬件模块数目规模，规划设计外设片选信号的数目。本节介绍两种方案，分别适用于不同规模的应用系统的开发。

　　方案 1：

　　外部设备统一的译码电路由一片单向锁存器 74LS373 和一片 3-8 译码器 74LS138 组成，如图 3-1 所示。

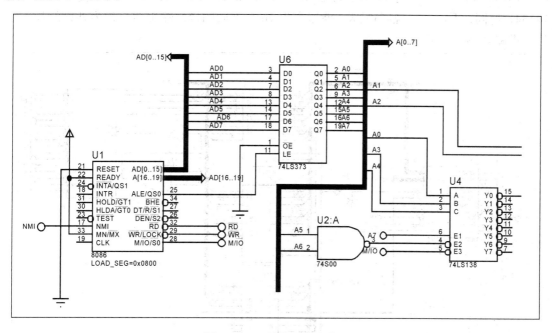

图 3-1　I/O 地址译码电路 1

　　图 3-1 中，74LS373 是一种带清除功能的 8D 触发器，D0～D7 为数据输入端，Q0～Q7 为数据输出端，正脉冲触发。3-8 译码器 74LS138 的三个输入端 A、B、C 由地址信号 A0、A3、A4 送入，八个输出信号作为外设接口芯片的片选信号。另外，只有当地址线 A7 A6A5 = 111 时，才能保证 74LS138 使能信号有效。因此本方案的 I/O 端口地址和片选信号的对应关系计算如表 3-1 所示。

表 3-1　I/O 端口地址分配 1

74LS138 输出 (作为外设片选)	A15…A8	A7 A6 A5 A4	A3 A2 A1 A0	片选地址
Y0	0…0	1 1 1 0	0 0 0 0	0E0H
Y1	0…0	1 1 1 0	0 0 0 1	0E1H
Y2	0…0	1 1 1 0	1 0 0 0	0E8H
Y3	0…0	1 1 1 0	1 0 0 1	0E9H
Y4	0…0	1 1 1 1	0 0 0 0	0F0H
Y5	0…0	1 1 1 1	0 0 0 1	0F1H
Y6	0…0	1 1 1 1	1 0 0 0	0F8H
Y7	0…0	1 1 1 1	1 0 0 1	0F9H

假如 16 位地址 A15…A0 取值为 0E0H 时，74LS138 输出端 Y0 = 0，则用 Y0 作为片选信号的外设模块被选中，从而能够与 8086 CPU 进行数据交换。

方案 2：

译码电路由三片锁存器 74LS273 和一片 4-16 译码器 74LS154(画图软件中名称为 74154，后同，不再一一说明)组成，能够产生 16 个不同的译码输出信号作为外设的片选信号，电路如图 3-2 所示。

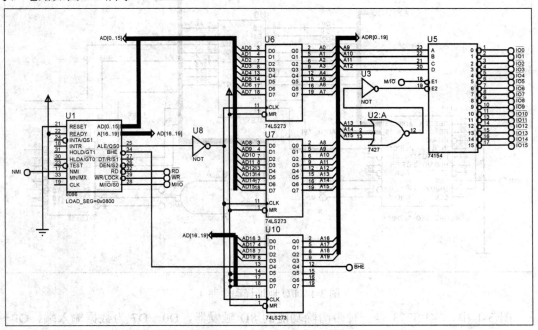

图 3-2　I/O 地址译码电路 2

74LS154 是 4-16 译码芯片，四个输入端由地址信号 A9、A10、A11、A12 送入。74LS154 的 16 个输出信号作为外设接口芯片的片选信号使用。按照图中的地址线连接，外设端口地址和译码电路输出的对应关系如表 3-2 所示。

表 3-2　I/O 端口地址分配 2

74LS154 输出(作为外设片选)	A15…A13	A12 A11 A10 A9				A8…A1A0	片选地址
IO0	0…0	0	0	0	0	0…0	0000H
IO1	0…0	0	0	0	1	0…0	0200H
IO2	0…0	0	0	1	0	0…0	0400H
IO3	0…0	0	0	1	1	0…0	0600H
IO4	0…0	0	1	0	0	0…0	0800H
IO5	0…0	0	1	0	1	0…0	0A00H
IO6	0…0	0	1	1	0	0…0	0C00H
IO7	0…0	0	1	1	1	0…0	0E00H
IO8	0…0	1	0	0	0	0…0	1000H
IO9	0…0	1	0	0	1	0…0	1200H
IO10	0…0	1	0	1	0	0…0	1400H
IO11	0…0	1	0	1	1	0…0	1600H
IO12	0…0	1	1	0	0	0…0	1800H
IO13	0…0	1	1	0	1	0…0	1A00H
IO14	0…0	1	1	1	0	0…0	1C00H
IO15	0…0	1	1	1	1	0…0	1E00H

假设 16 位地址 A15～A0 取值为 0200 时,即 8086 CPU 寻址 200H 端口地址时,74LS154 输出端引脚 IO1 = 0,其连接的外设芯片被 8086 选中。

3.1.3　I/O 地址译码的应用

以下以一个实验作为案例,介绍 I/O 地址译码在微机与接口技术实验教学中的应用。实验内容是:通过一个开关控制 8 个 LED 灯的状态变化,8 个 LED 灯由 74LS373 驱动控制,具体电路如图 3-3 所示。

图 3-3 采用的是层次电路,单击译码电路,右键单击选择"转到子电路"就可以查看子电路的细节。本实验采用方案 2 的译码电路。图 3-3 中,74LS373 的片选信号接 IO3,因此其端口地址是 0600H。74LS245 的片选信号接 IO3,因此其端口地址也是 0600H。74LS373、74LS245 端口地址相同,但是一个是输入接口,一个是输出接口,两个芯片的数据传输由读写信号 $\overline{RD}$ 、$\overline{WR}$ 来区分控制。74LS373 的输出信号控制 8 个 LED 灯的亮灭;74LS245 的输入口 B0,连接一只开关,接收开关的闭合、断开状态值。

虽然 74LS373 和 74LS245 芯片的片选信号都是 IO3,但是当 $\overline{RD}$ 信号有效时,只有

74LS245 工作，8086 CPU 读入开关状态。而当 $\overline{WR}$ 信号有效时，只有 74LS373 工作，8086 CPU 将数据输出到 74LS373，74LS373 再控制灯的状态。

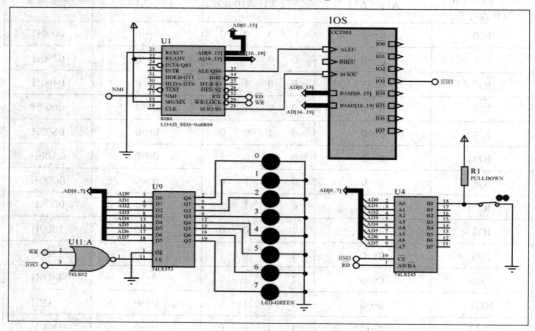

图 3-3　　开关控制灯实验

按照电路结构，设计的功能程序如下：

```
        #make_exe#
        .model    small
        .code
        .startup
start:
        mov bl, 0f0h
l:      mov dx, 0600h
        in al, dx
        test al, 1
        jz    n
        mov bl, 01010101b
n:      mov al, bl
        mov dx, 0600h
        out dx, al
        call delay
        jmp l
delay proc near
```

```
        mov bx, 5
lp1:  mov cx, 4
lp2:  loop lp2
        dec bx
        jnz lp1
        ret
        delay endp
        .data
        .stack
        end
```

3.2　RAM 设置

　　8086 作为一个 CPU，片内没有存储器。但在 Proteus 中，8086 模型有内部存储器，可以不需要外接存储器。所以在 Proteus 仿真时不接存储器 8086 也可以运行程序。

　　Proteus 进行 8086 仿真时必须进行一些参数设置。基于 8086 的应用程序一般用汇编语言开发，执行的是汇编程序软件编译、链接后生成的二进制文件(.exe 或 .bin 或 .com 格式文件)。由于 8086 片内没有存储器，所以仿真前需要设置内存起始地址、内存的大小和外部程序加载到内存的地址段。另外，CPU 时钟默认是 1 MHz。设置好后，Proteus 自动将由 emu8086、MASM32 或其他软件生成的扩展名为 .com、.bin、.exe 的文件加载到设置好的内存段中。设置如图 3-4 所示。

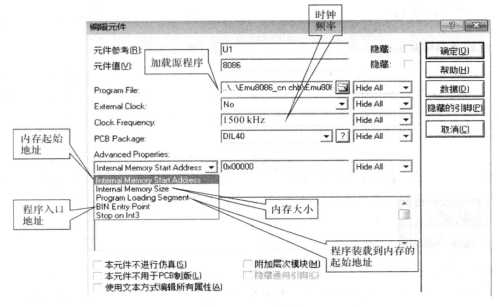

图 3-4　RAM 设置

如图 3-4 所示，需要设置的内容如下：

(1) 设置内存(Internal Memory Size)大小为 10000H。

(2) 程序下载到内存的起始地址(Program Loading Segment)为 0200H。

(3) bin 入口(bin Entry Point)为 02000H。

(4) 停止在 int 3(Stop on Int 3)选择 Yes。

(5) 适用各种扩展名(.bin、.com、.exe)的代码文件。

3.3　仿真实验系统

对于微机 8086 硬件原理及外部接口技术的教学，我们采用 8086 最小模式系统的硬件结构。针对应用型大学人才培养目标和我校网络工程、物联网工程专业的特点，我们在教学过程中以硬件课程只是辅助课程，硬件课程理论够用即可，注重实践为原则，对微机原理知识点进行划分，基础知识模块以经典的 16 位处理器 8088 为主，主要讲述 CPU 的基本结构，指令系统及其寻址方式，基本的汇编语言语法和程序设计，总线结构，存储器扩展，中断原理(NMI 中断和 INTR 中断)，基本的可编程接口硬件技术如数码管、LED 灯、开关、点阵屏。这些内容不但是微机原理最基本的教学内容，更是学好高档微机技术的重要前提。教学中对硬件的电路原理部分尽量简化，删去硬件芯片中实用性差的内容。另外，适当删减 16 位 CPU 繁杂的指令细节及 MS-DOS 部分内容，注重阐述微机汇编语言程序设计中的数据结构、逻辑处理和程序结构，略去繁杂的指令在数学计算方面的应用内容。

3.3.1　实验系统设计

1. 实验系统总体设计

设计基于 Proteus 的微机原理仿真实验系统，硬件方面仅需要一台电脑，软件方面需要 Proteus 软件和 emu8086 软件。Proteus 软件的主要作用是设计基于 8086 的微机应用系统硬件原理图和硬件仿真运行程序。emu8086 软件的作用是进行汇编语言程序设计和调试。

我们要做的是，利用 Proteus 软件的 8086 处理器仿真模型，构建 8086 最小模式下的微机系统硬件结构、设计 I/O 地址译码电路，再按照课程的主要知识点设计相应的软硬件实验。每个实验过程按照系统总体设计、微机应用系统硬件电路的设计、软件设计和仿真调试四个步骤进行。

2. 仿真实验系统详细设计

基于仿真实验系统，先规划设计统一的译码电路；再根据外设片选的实际连接，确定外设的 I/O 端口地址。译码电路由三片锁存器 74LS273 和一片 4-16 译码器 74LS154 组成，如图 3-5 所示。

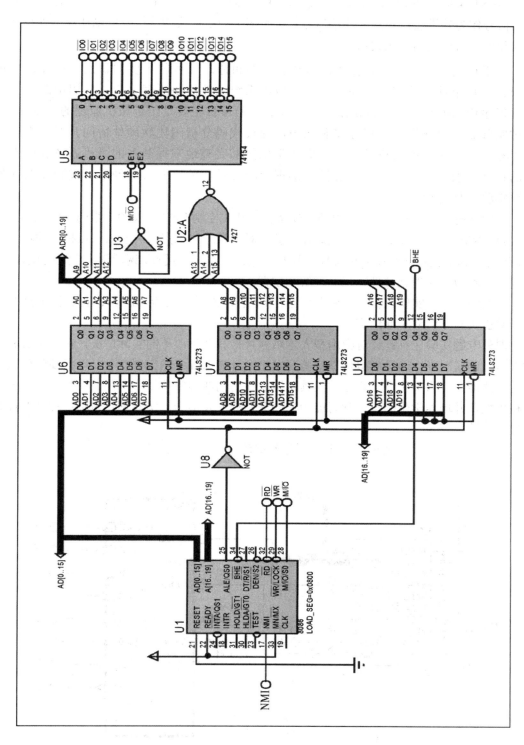

图 3-5　译码电路

74LS154 是 4-16 译码电路，4 个输入端由地址信号 A9、A10、A11、A12 送入，16 个输出信号作为外设接口芯片的片选信号。按照图中的地址线的连接，可以计算出外设端口地址和译码器输出的对应关系。

基于译码电路的设计，按照汇编语言与微机原理课程的主要知识点，设计每个实验项目。每个项目从三个方面，即微机应用系统硬件模块原理分析、应用电路设计、汇编程序代码编写和仿真调试来展开设计。实验项目主要是结合微机原理的基本知识，通过实际案例讲解硬件如何连接和应用，通过代码分析阐述软硬件协同开发，真正做到"教、学、做"的有机结合，从而让学生能够完整地掌握基本的微机系统软硬件方面的设计开发。具体实验项目包括基础理论验证性实验、开发和创新性实验以及课外专题实验三种类型。

基础理论验证性实验包括：基本 I/O 实验、开关控制 LED 灯实验、数码管实验、点阵屏实验、NMI 中断实验、8253A 定时器实验。对于课程知识点，引入知识点相关的项目案例、借助仿真实验软件实现微机硬件设计和汇编语言程序的运行，调动学生学习的积极性，促进学生对微机原理软硬件知识的理解和掌握。

开发和创新性实验包括：流水灯实验、数码管动态显示实验、8255A 开关控制灯实验、矩阵键盘实验、8251A 通信实验。

课外专题实验包括：针对应用型人才培养目标和教学改革的实际情况，在理论实验课时被压缩的情况下，通过虚拟仿真实验开发平台开展课外专题案例实验，以提高学生微机应用实践能力。为学生设计合适的、具有挑战性的创新实验项目，充分调动学生的课外学习积极性，并培养学生的自主学习能力和团队协作开发能力。实验项目包括：8255A 控制交通灯实验。

基于上述仿真实验系统的设计，仿真实验系统如图 3-6 所示。

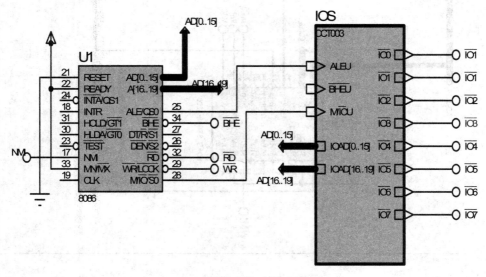

(a)　译码电路(含子电路)

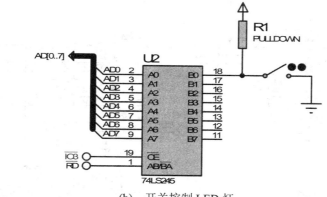

(b) 开关控制 LED 灯

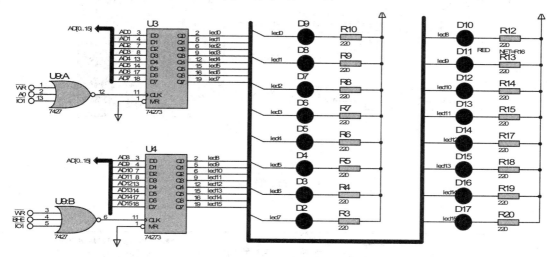

(c) LED 流水灯

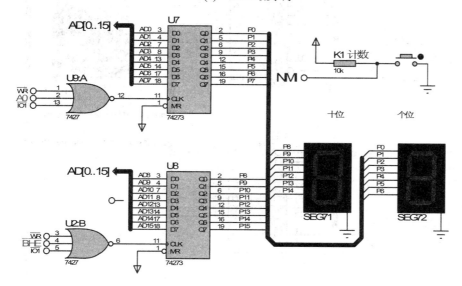

(d) NMI 中断计数并送数码管显示

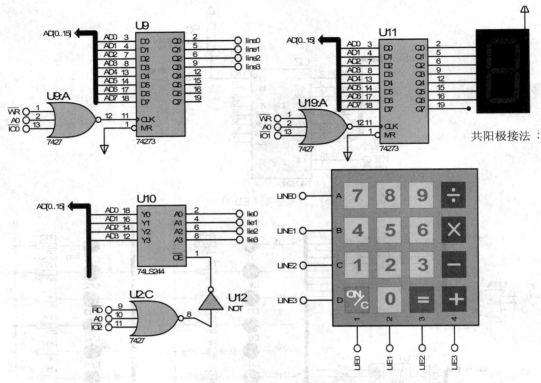

(e)　行列式键盘

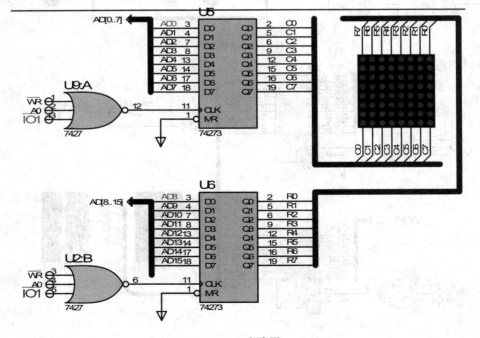

(f)　8×8 点阵屏

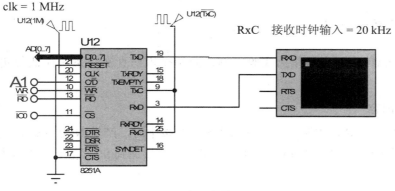

(g) 串口芯片

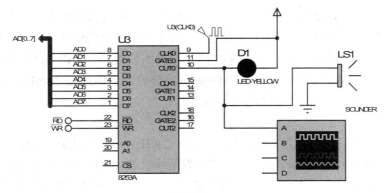

(h) 定时器 8254A

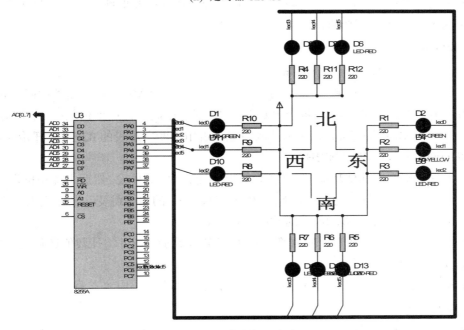

(i) 交通灯

图 3-6　仿真实验系统

3.3.2　实验系统应用

下文以 NMI 中断实验作为实验案例，介绍微机仿真实验系统在课程实验教学中的应用。

1. 实验内容

利用 8086 的 NMI 中断检查按键的状态，当按下时，产生 NMI 中断，变量值从 0 开始加 1，并送于两个 LED 数码管使其显示出来。变量加到 99 后数码管显示恢复为 0，循环以上过程。

2. 硬件电路

实验通过两片 74LS273 分别驱动两个七段数码管，电路图如图 3-6 右上角部分所示。两片 74LS273 的时钟 CLK 输入端分别接两片与非门 74LS27 的输出。一片 74LS27 的三个输入端接 $\overline{WR}$、$\overline{BHE}$、$\overline{IO1}$，另一片 74LS27 的三个输入端接 $\overline{WR}$、A0、$\overline{IO1}$。当两片 74LS273 都并联接在译码电路输出引脚 $\overline{IO1}$ 上，即 8086 寻址外设端口地址是 200H 时，两片 74LS273 同时被选中，并同时驱动两个 LED 数码管显示。

硬件工作原理描述：

按照 8086 写外设时序，当 8086 对端口地址 200H 寻址，即 $\overline{IO1}=0$ 时，同时选中两片 74LS273。由于 $\overline{BHE}$、A0 同时为低电平时，数据线上的 16 位数据有效。而 $\overline{WR}=0$ 有效说明 8086 向 74LS273 写入数据，与非门 7427 输出高电平，因此 74LS273 的 CLK 由低电平变为高电平，8086 输出到 74LS273 的数据被写入芯片，并被锁。最后，两片 74LS273 的输出端分别驱动两个数码管的数据显示。

3. 软件开发

本实验的软件开发分为四个部分：

(1) 需要准备一个新中断子程序，用其入口地址替换 NMI 中断占用的中断向量表(是从 0000H: 0000H 开始的 1 KB，每个中断占用 4B 保存中断入口地址)中相应的偏移地址和段地址。因为 NMI 中断号是 2，所以其入口地址占用中断向量表的 02H × 4 开始的 4 个字节(0000H: 0008H～0000H: 000BH)。

(2) 主程序不实现其他功能，只准备好寻址地址 200H 的外设。然后主程序执行 JMP \$，原地踏步等待 NMI 中断发生。一旦 NMI 引脚有从 0→1 的电平跳变，则停止主程序执行，进入子程序，执行加 1 计数功能并送数码管显示。

(3) 编写一个中断子程序，实现变量从 0 开始计数加 1，并将计数值送数码管显示，显示过程无限循环。

(4) 基于电路设计，按照实验功能要求编写程序代码(代码内容省略)。

4. 仿真调试

运行 Proteus 仿真实验平台的过程中，将编写的汇编源程序编译成 hex 代码，再将其灌入到实验平台中的 8086CPU 中进行仿真调试。每次按键产生 NMI 中断，数码管显示最新计数值，显示过程代码无限循环执行。仿真效果如图 3-7 所示。

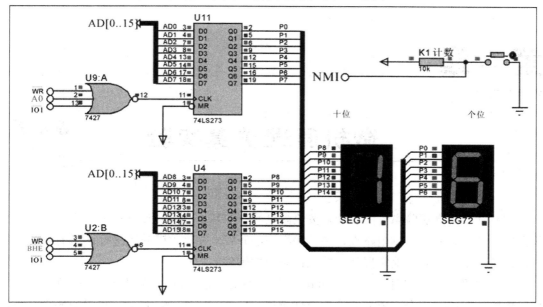

图 3-7　仿真效果

　　前文介绍了利用 Proteus 软件设计微机原理与接口技术仿真实验教学系统的思路和过程，并详细描述了仿真实验系统的功能内容和实际使用。实践表明：本系统不仅能够降低硬件实验器材的投入成本，而且能够使学生深入每个实验的软硬件完整的设计过程，提高学生的创新能力和工程实践能力。在今后的教学中，需要进一步设计更加丰富的实验项目，而且需要将仿真实验系统与物理实验箱有机地结合起来以完成实验，进一步提高课程的实验教学质量。

第4章

微机原理仿真实验

本章基于仿真实验系统的设计，按照微机原理的基本知识点设计相应的实验。每个实验主要包括实验外围控制电路设计和驱动程序的开发，并对关键问题进行详尽的分析和说明，使得学生能够完整地掌握基本的微机系统软硬件的设计。

实验按照第 3 章设计的统一的译码电路，根据外设片选的实际连接，确定外设的 I/O 端口地址。在此基础上，依据硬件的原理设计相应的应用实验，包括硬件模块原理分析、应用电路设计、硬件驱动代码编写和分析。本章主要是结合微机原理的基本知识，通过实际案例讲解硬件如何连接和应用，通过代码分析阐述软硬件协同开发，真正做到"教、学、做"的有机结合。

4.1　单开关控制 LED 灯

1. 实验内容

编写程序，实现通过一个开关控制 8 个 LED 灯的状态变化。以 74LS245 作为开关输入口，以 74LS373 作为输出口控制 LED 灯显示。

2. 实验目的

本实验要达到以下目的：

(1) 熟悉 Proteus 软件的使用方法，在 Proteus 软件环境中能够绘制微机系统的连线图。

(2) 进一步掌握 I/O 译码方法及 8086 汇编语言编程方法。

3. 实验涉及的知识点

实验涉及的知识点包括：I/O 译码方法、74LS244、74LS273。

4. 实验电路

微机控制电路如图 4-1 所示。本实验采用的是层次电路，单击译码电路，再右键单击 IOS，选择"转到子电路"，就可以查看子电路的细节。

图 4-1 中，74LS373 的片选信号接 IO3，因此其端口地址是 0600H。74LS245 的片选信号接 IO3，因此其端口地址也是 0600H。74LS373、74LS245 端口地址相同，因为一个是输入，一个是输出，芯片的数据传输由读写信号 $\overline{RD}$、$\overline{WR}$ 来区分控制。74LS373 的输出信号控制 8 个 LED 灯的亮灭。74LS245 的输入口 B0 连接一只开关，接收开关的闭合、断开状态值。

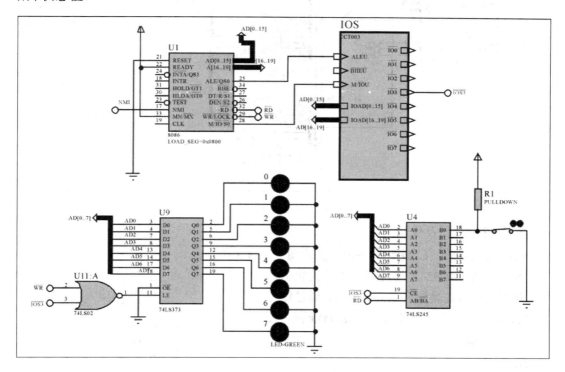

图 4-1　单开关控制 LED 流水灯

74LS373 是带有三态门的 8D 锁存器，当使能信号线 $\overline{OE}$ 为低电平时，三态门处于导通状态，允许 Q0～Q7 输出到 O1～O8，当 $\overline{OE}$ 端为高电平时，输出三态门断开，输出线 O1～O8 处于浮空状态。G 称为数据输入线，当 74LS373 用作地址锁存器时，首先应使三态门的使能信号 $\overline{OE}$ 为低电平，这时，当 G 端输入端为高电平时，锁存器输出(Q0～Q7)状态和输入端(D0～D7)状态相同；当 G 端从高电平返回到低电平(下降沿)时，输入端(D0～D7)的数据锁入 Q0～Q7 的八位锁存器中。

74LS245 是 8 路同相三态双向总线收发器，可双向传输数据，用来驱动 LED 或者其他的设备。74LS245 还具有双向三态功能，既可以输出数据，也可以输入数据。当片选端 $\overline{CE}$ 低电平有效时，DIR = 0，信号由 B 向 A 传输(接收)；DIR = 1，信号由 A 向 B 传输(发送)；当 CE 为高电平时，A、B 均为高阻态。

译码电路子电路如图 4-2 所示。

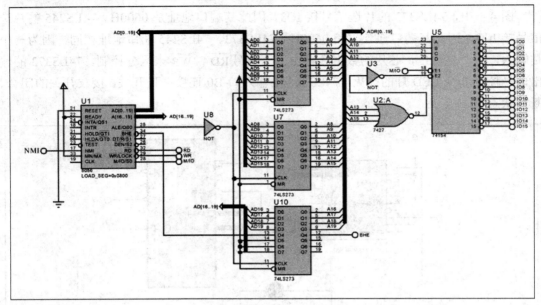

图 4-2　译码电路

5. 程序流程图及代码

根据实验要求，LED 灯状态控制流程图如图 4-3 所示。

本实验从 74LS245 缓冲器读入开关状态，判断开关是闭合还是断开状态。另外，通过锁存器 74LS373 输出控制灯状态。本实验代码如下：

```
        #make_exe#
ggg:
        mov dx, 0600h
        in al, dx
        test al, 1
        jz ddd
        mov bl, 77h
        jmp m
ddd:    mov bl, 0fh
m:      mov al, bl
        mov dx, 0600h
        out dx, al
        jmp ggg
        .data
        .stack
        end
```

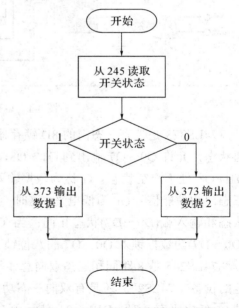

图 4-3　LED 灯状态控制流程流程图

6. 实验分析

下面结合电路和代码，分析实验工作原理。

```
        mov bl, 0f0h
ggg:    mov dx, 0600h      ; 开始读取保存在 245 端口的开关状态
        in al,   dx        ; 将地址 0600h 的内容读入到 al。地址输出 0600h 对应的 74LS154 输出
                           ; 端/IO3 = 0，作为片选信号选中 373 和 245 芯片，但是 RD 信号有效，
                           ; 只有 245 工作，读入开关状态
        test al, 1
        jz   ddd           ; 状态位为 0 继续查询。若开关闭上，开关值为 0，状态位 ZF 为 1，就转移
                           ; 到标号 ddd，继续查询；否则(即开关断开，开关值为 1，状态位 ZF
                           ; 为 0)，顺序执行，改变灯的状态
        mov bl, 77h
        jmp m
ddd:  mov bl, 0fh
m:    mov al, bl
        mov dx, 0600h
        out dx, al         ; 将 al 的内容输出到地址 0600h。地址输出 0600h 对应的 74LS154 输出
                           ; 端 IO3 = 0，作为片选信号选中 373 和 245 芯片，但是 WR 信号有效，
                           ; 只有 373 工作，输出 al 到 373，373 输出到灯，控制灯状态
        Jmp ggg            ; 返回程序开始处，重新查询开关的闭合状态，以便改变 LED 灯的亮灭状态
```

4.2　多开关控制灯

1. 实验内容

8 个开关的状态连接到 74LS244 的输入端，74LS273 输出端连接到 8 个 LED 灯。实现一个开关控制一个灯亮灭的功能。

2. 实验目的

本实验的目的是了解 TTL 芯片扩展简单 I/O 口的方法，掌握并行数据输入输出程序编制的方法。

3. 实验涉及的知识点

实验涉及的知识点包括：74LS244 与 74LS273 扩展 I/O 口输入、输出口。

4. 实验电路

本实验电路如图 4-4 所示，图中 74LS244 是一种三态输出的 8 总线缓冲驱动器，无锁存功能，当 G 为低电平时，Ai(其中 i = 0～3)信号传送到 Yi；当 G 为高电平时，Yi 处于禁止高阻状态。Proteus 中的 244 是 4 位输出。

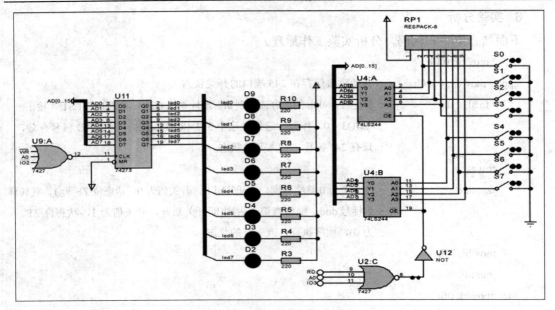

图 4-4　多开关控制 LED 灯

74LS273 是一种 8D 触发器，当 CLR 为高电平且 CLK 端电平发生正跳变时，D0～D7 端数据被锁存到 8D 触发器中。

两片 74LS244 的 OE 都接 $\overline{IO3}$，即两片 74LS244 的端口地址都是 600H，可被 8086 同时选中。74LS244 的每个输入端分别连接一个开关。$\overline{WR}$、IO2、A0 三个信号与非的结果送到 74LS273 的 CLK 输入端，间接说明 8086 寻址 74LS273 的端口地址是 400H。原理同前述实验介绍。

本实验利用 74LS244 作为输入口，读取 8 个开关状态，并将此状态通过 74LS273 驱动发光二极管显示出来。实验中可以拨动开关，观察发光二极管的变化情况。

5. 程序流程图及代码

根据实验要求，LED 灯状态控制流程图如图 4-5 所示。

实验程序如下：

```
#make_exe#
.model   small
data segment
k db 0
data ends
code segment
assume cs:   code, ds: data
    start:
        mov ax, data
        mov ds, ax
```

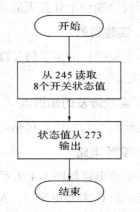

图 4-5　LED 灯状态控制流程图

```
again:
        mov dx, 0600h
        in al, dx
        mov dx, 0400h
        out    dx, al
        jmp again
        code ends
        end start
```

6. 实验分析

执行代码：

```
        mov dx, 0600h
        in al, dx
```

74LS244 输入端接收 8 个开关的状态值，8086 读取端口 0600h，即 74LS244 接收的开关的状态值，保存在 al 中。

执行代码：

```
        mov dx, 0400h
        out dx, al
```

8086 将 al 的值输出到端口 0400h，即 74LS273 的输入端，由其输出驱动 8 个 LED 灯亮灭。读入开关过程和驱动 LED 灯显示过程无限循环，实现实时跟踪开关的闭合或断开状态。

4.3　74LS273 控制 16 个灯状态变化

1. 实验内容

微机控制 16 个 LED 灯的状态切换，LED 灯由两片 74LS273 驱动控制亮灭。

2. 实验目的

本实验的目的是熟悉外设片选信号的设计方法。

3. 实验涉及的知识点

实验涉及的知识点包括：I/O 译码方法、74LS273。

4. 实验电路

微机控制关键电路如图 4-6 所示，译码电路见第 3 章图 3-1。图 4-6 中，两片 74LS273 连接 16 个 LED 灯，以便驱动其亮灭变化。

另外，将两个与非门 74LS27 的输出信号分别输入到两片 74LS273 的 CLK 引脚。而两片 74LS27 的三个输入端各自分别接 $\overline{WR}$、$\overline{BHE}$、$\overline{IO1}$、$\overline{WR}$、A0、$\overline{IO1}$，即两片 74LS273 的片选信号由 8086 寻址外设端口地址 200H 产生，同时被选中。74LS273(U11 和 U12)的每个输出端分别驱动一个 LED 灯，不同的是，U11 数据输入端接的是地址线的低 8 位，

U12 数据输入端接的是地址线的高 8 位。

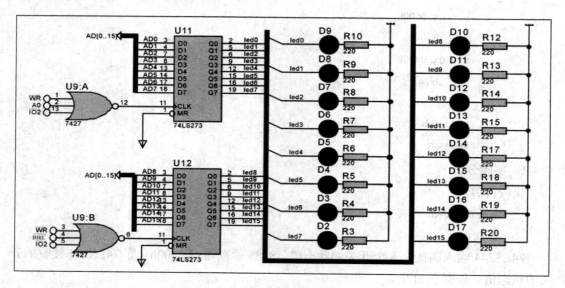

图 4-6　74LS273 控制 16 个灯状态变化

5. 程序流程图及代码

根据实验要求，流程图如图 4-7 所示。

实验程序如下：

```
        .model small
        .stack
        .code
        .startup
again:  mov dx, 0200h
        mov ax, 0000111111110000b
        out dx, ax
        call delay
        mov ax, 1111000000001111b
        out dx, ax
        call delay
        jmp again
        delay proc near ; 延时子程序
        mov bx, 50
lp1:    mov cx, 40
lp2:    loop lp2
        dec bx
        jnz lp1
```

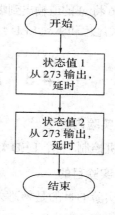

图 4-7　74LS273 控制 16 个灯状态
变化的流程图

```
        ret
        delay endp
        .data
        end
```

6. 实验分析

控制灯亮灭关键代码：

```
    mov dx, 0200h
    mov ax,   0000111111110000b   ; 0 点亮，1 熄灭
    out dx, ax
```

当 8086 寻址的端口地址是 0200h 时，译码输出信号 $\overline{IO1}$= 0，同时选中两片 74LS273，然后执行 out dx，ax 指令，8086 进入写外设操作时序。

当两片 74LS27 的三个输入端信号 $\overline{WR}$、$\overline{BHE}$、$\overline{IO1}$，$\overline{WR}$、A0、$\overline{IO1}$ 有效时，信号均为低电平，与非门 74LS27 送出高电平到 74LS273 的 CLK 输入端，使得数据通过 74LS273。CLK = 0 后数据被锁存。

CLK 信号：上升沿触发，即当 CLK 从低跳变到高电平时，D0～D7 的数据通过芯片；CLK 为 0 时将数据锁存，D0～D7 的数据不变。

引脚 $\overline{WR}$：主清除端，低电平触发，即它为低电平时，芯片被清除，输出全为 0(低电平)。

由于 $\overline{BHE}$、A0 同时为低电平时 16 位数据有效，因此高 8 位送到 U12 数据输入端，低 8 位送到 U11 数据输入端。

两个 74LS273 输出端分别控制 16 个灯的亮灭状态，ax 的值 0000111111110000B 送到 16 个灯，0 对应的灯亮，1 对应的灯灭。

延时一段时间后，改变 ax 的值：

```
    mov ax,   1111000000001111b
    out dx, ax
```

运行后，8086 将其输出到两个 74LS273，使得 16 个灯的亮灭状态发生变化，并延时一段时间。

如此循环往复，16 个灯的亮灭状态在两种状态之间切换。

4.4 流 水 灯

1. 实验内容

微机控制 16 个 LED 灯的状态变化：

(1) 依次点亮一个 LED 灯，形成流水灯效果。

(2) 逐个递增点亮灯，最后全亮，如此循环。

2. 实验目的

本实验要达到以下目的：

(1) 熟悉外设片选信号的设计方法。

(2) 熟悉流水灯的设计方法。

3. 实验涉及的知识点

实验涉及的知识点包括：I/O 译码方法、74LS273。

4. 实验电路

本实验的译码电路见第 3 章图 3-1，控制电路如图 4-8 所示。

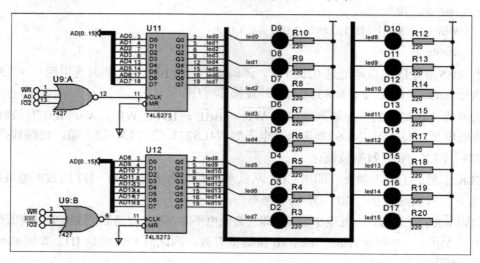

图 4-8　流水灯

两片 74LS273 的输出信号分别驱动 16 个 LED 灯。两片 74LS273 的 CLK 输入端分别连接一个与非门 74LS27 的输出端，两片 74LS27 的三个输入端分别接 $\overline{\text{WR}}$、$\overline{\text{BHE}}$、$\overline{\text{IO1}}$、$\overline{\text{WR}}$、A0、$\overline{\text{IO1}}$，即两片 74LS273 的端口地址都是 400H，可同时被 8086 选中。另外，$\overline{\text{BHE}}$、A0 同时为低电平时，16 位数据有效。74LS273 的输出端分别驱动一个 LED 灯。

5. 程序流程图及代码

根据实验要求，流程图如图 4-9 所示。

实验程序如下：

```
    .model    small
    .stack
    .code
    .startup

start:
    mov dx, 0400h
    mov ax, 1111111111111110b
next: out dx, ax
    mov bx, 200      ; 延时
```

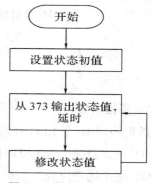

图 4-9　流水灯实验流程图

```
lp1:    mov cx, 100
lp2:    loop lp2
        dec bx
        jnz lp1
        rol ax, 1
        jmp next
        .data
        end
```

6. 实验分析

(1) 流水灯的程序如下：

```
mov dx, 0400h
mov ax, 1111111111111110B
next: out dx, ax
```

上述代码中，当 8086 对端口地址 0400h 读写时，译码输出信号 $\overline{IO1} = 0$，同时选中两片 74LS273，out dx，ax 指令执行后，按照 8086 写设备时序，$\overline{BHE}$、A0 同时为低电平时，16 位数据有效，高 8 位送到 U12 74LS273 数据输入端，低 8 位送到 U11 74LS273 数据输入端，两个 74LS273 的 16 个输出引脚分别控制 16 个灯的亮灭状态。8086 将 ax 的值 1111111111111110 送到 16 个灯，0 输出端对应的第一只灯亮，15 个 1 对应的灯灭。

延时一段时间后，执行 rol ax, 1，使得 ax 值循环左移一位，值变为 1111111111111101，第二次循环执行 out dx, ax 后，第二只灯亮，然后延时。如此循环，每间隔一段时间有一只灯亮。从而形成流水灯的效果。

如果修改 ax 的值，可以产生不同效果的闪烁状态。代码如下所示。

```
mov    cl, 4
mov    ax,   0000 1111 11111111b       ; 注意：ax 是 16 位数！
rol    ax, cl                          ; 循环左移 4 位  4 个亮的灯一起移动
```

实验现象：每次左移 4 位，总有 4 盏灯亮，4 个亮的灯一起向左移动。

```
mov    cl, 2
mov    ax,   0101 0101 0101 0101b
rol    ax, cl                          ; 循环左移 2 位，8 个奇数号灯、8 个偶数号灯交替亮灭
```

实验现象：循环左移 2 位，8 个奇数号灯、8 个偶数号灯交替亮灭，不断跳变。

(2) 逐个递增点亮的驱动程序如下：

```
.model    small
.stack
.code
.startup
```

```
start:    mov dx, 0200h
```

```
again:  mov di, 16
        mov ax, 1111111111111110b
next:   out dx, ax

        mov bx, 500       ; 延时
lp1:    mov cx, 40
lp2:    loop lp2
        dec bx
        jnz lp1

        shl ax, 1
        dec di
        jnz next
        jmp again
        .data
        end
```

程序中，shl ax, 1 每次逻辑左移，高位丢掉，低位添加 0，从而实现逐个点亮 LED 灯，最后 16 个灯全亮。

4.5　单个数码管显示

1. 实验内容

通过 8086 控制数码管循环显示数字 0~9。数码管的显示由 74LS373 的 8 个输出信号驱动控制。

2. 实验目的

本实验的目的是掌握数码管和 8086 的连接方法、熟悉数码管的显示驱动程序设计。

3. 实验涉及的知识点

实验涉及的知识点是 LED 数码管显示。

4. 实验电路

控制电路如图 4-10 所示，译码电路见第 3 章图 3-1。

LED 数码管显示原理：

七段 LED 显示器内部由七个条形发光二极管和一个小圆点发光二极管组成，根据各管的二极管接线形式，可分成共阴极型和共阳极型。

LED 数码管的 g~a 七个发光二极管因加正电压而发亮，因加零电压而不发亮，不同亮暗的组合就能形成不同的字形，这种组合称之为字形码，下面给出共阴极的段码，见表 4-1。

表 4-1　共阴极字形码

显示字符	字形码	显示字符	字形码	显示字符	字形码
0	0x3f	7	0x07	E	0x79
1	0x06	8	0x7f	F	0x71
2	0x5b	9	0x6f	P	0x73
3	0x4f	A	0x77	U	0x3e
4	0x66	B	0x7c	8	0xff
5	0x6d	C	0x39	灭	0x00
6	0x7d	D	0x5e		

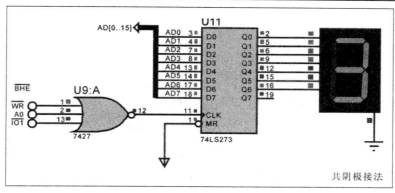

图 4-10　单个数码管驱动

74LS273 是一种带清除功能的 8D 触发器，D0～D7 为数据输入端，Q0～Q7 为数据输出端，正脉冲触发，低电平清除，常用作数据锁存器或地址锁存器。

引脚 MR：主清除端，低电平触发，即当为低电平时，芯片被清除，输出全为 0(低电平)。

引脚 CP(CLK)：触发端，上升沿触发，即当 CP 从低到高电平时，D0～D7 的数据通过芯片，为 0 时将数据锁存，D0～D7 的数据不变。

数码管是共阴极接法，8086 数据总线低 8 位接 74LS273 的数据输入端 D0～D7。74LS273 的输出端 Q0～Q7 接到 7 个段码输入引脚，CLK 端由 8086 的 $\overline{WR}$、A0、$\overline{IO1}$ 与非运算后的结果控制。

5. 程序代码

本实验代码如下：

```
#make_exe#

.model    small

.stack

.code

.startup
```

```
again: mov si，offset tab
       mov dx, 0200h
next:  mov   al, [si]
       out   dx, al
       mov bx, 500          ; 延时
lp1:   mov cx, 40
lp2:   loop lp2
       dec bx
       jnz lp1
       add   si, 1
       cmp si, offset end
       jb next
       jmp   again
       .data
       tab db 3fh, 06h, 5bh, 4fh, 66h, 6dh, 7dh, 07h, 7fh, 6fh
       end   db 00h
       end
```

6. 实验分析

执行代码如下：

```
       mov dx, 0200h
next:  mov   al, [si]
       out   dx, al
```

8086 向端口地址 0200h 写数据(逻辑地址 ds：si)，此时硬件电路中，按照 8086 写外设时序，$\overline{WR}$、A0、$\overline{IO1}$ 都是低电平时($\overline{IO1}$ 有效说明 8086 选中 74LS273、$\overline{WR}$ 有效说明 8086 向 74LS273 写入数据)，与非门 7427 输出高电平，74LS273 的 CLK 由低电平变为高电平，8086 输出到 74LS273 的(地址 ds：[si])D0～D7 的数据通过芯片，CLK = 0 后锁存数据。

延时一段时间后，si 加 1，准备取数据表 tab 中的下一个数字数据，若 tab 表中的数据已经逐个取出并显示了，程序跳转到 mov si，offset tab，重新设置偏移量 si 初值为表 tab 的首地址，重复循环显示 0～9。

4.6　两个数码管显示两位数

1. 实验内容

通过数码管显示一个固定的两位数字。

2. 实验目的

本实验的目的是掌握多个数码管和 8086 的连接方法、熟悉多个数码管的显示驱动程序设计。

3. 实验涉及的知识点

实验涉及的知识点是数码管静态显示。

4. 实验电路

本实验的控制电路如图 4-11 所示。

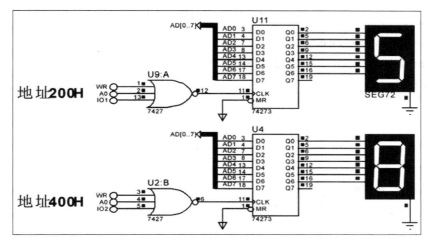

图 4-11　两个数码管显示

用两个 74LS273 分别驱动一个数码管，分别显示两位十六进制数的高位和低位。地址输出 200h、400h 对应的 74LS154 输出端 $\overline{IO1}=0$，$\overline{IO2}=0$，作为片选信号选中两个 74LS273。

5. 程序流程图及代码

根据实验要求，流程图如图 4-12 所示。

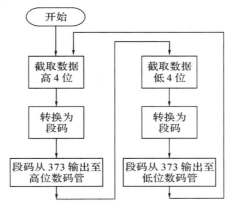

图 4-12　两个数码管显示两位数的流程图

实验程序如下：

```
        #make_exe#
        .model    small
        .stack
        data    segment
        yyy db 3fh, 06h, 5bh, 4fh, 66h, 6dh, 7dh, 07h, 7fh, 6fh        ; 0～9 的显示段码
        ccc    db  58h
        data ends


        code segment
        assume cs: code, ds: data
start:  mov ax, data                  ; 建立 ds 段地址
        mov ds, ax


        ; 取出两个位
k1:
        mov   ch, ccc
        mov dx, 0200h
        mov bx, offset yyy            ; 段码表地址
        and ch, 0f0h
        mov cl, 4
        shr ch, cl                    ; 移到低 4 位
        add bl, ch                    ; 高位 05
        mov al, [bx]
        out dx, al


        push bx                       ; 延时
        push cx
        mov bx, 200
lp1:    mov cx, 300
lp2:    loop lp2
        dec bx
        jnz lp1
        pop cx
        pop bx
        ; 个位
        mov   ch, ccc                 ; 重新赋值 58h，注意前边 ch 值已经被改变了
        mov dx, 0400h
```

```
        mov bx, offset yyy
        and ch, 0fh
        add bl, ch              ; 低位
        mov   al, [bx]
        out   dx, al
        push bx
        push cx
        mov bx, 200             ; 延时
lp3:    mov cx, 300
lp4:    loop lp4
        dec bx
        jnz lp3
        pop cx
        pop bx
        ; jmp k1
        code ends
        end start
```

6. 实验分析

执行下述代码，取出两位十六进制数的高位：

```
        mov dx, 0200h
        mov bx, offset yyy
        and ch, 0f0h
        mov cl, 4
        shr ch, cl              ; 移到低 4 位
```

然后执行代码：

```
        add bl, ch              ; 高位  05
        mov   al, [bx]
        out   dx, al
```

此部分定位该高位数字的显示段码在共阴极段码表中的排列位置，取出对应的段码输出到端口 200h，选中一个 74LS273，并将数据锁存，然后 74LS273 输出信号驱动数码管显示高位数字。

延时一段时间后，执行代码：

```
        mov   ch, ccc           ; 重新赋值 58h，注意前边 ch 值已经被改变了
        mov dx, 0400h
        mov bx, offset yyy
```

```
and ch, 0fh
add bl, ch           ; 计算出低位显示段码在共阴极段码表中的排列位置
mov   al, [bx]        ; 取出段码
out   dx, al          ; 输出到 74LS273，由 74LS273 驱动数码管显示
```

取出两位数的低位数字，计算出显示段码在共阴极段码表中的排列位置，取出对应的段码输出到端口 400h，选中一个 74LS273，并将数据锁存，然后 74LS273 输出信号驱动数码管显示低位数字。

4.7 NMI 中断

1. 实验内容

通过按键触发 NMI 中断的发生，NMI 中断子程序功能是改变 8 个 LED 灯的显示状态。

2. 实验目的

本实验的目的是熟悉非屏蔽中断的工作原理，熟悉中断服务程序的设计。

3. 实验涉及的知识点

实验涉及的知识点是 NMI 中断。

4. 实验电路

本实验电路如图 4-13 所示。

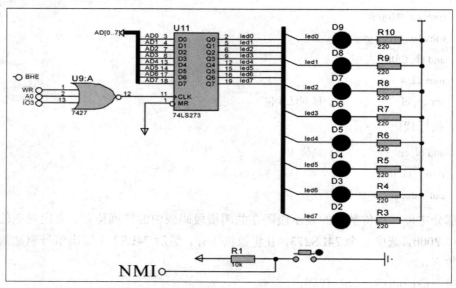

图 4-13   NMI 中断

通过按键触发 NMI 中断，按下按键，发送一个高电平至 8086 的 NMI 引脚，触发 NMI 中断子程序的执行。NMI 中断子程序的功能：改变由 74LS273 驱动的 8 个 LED 灯的显示状态。

5. 程序流程图及代码

根据实验要求，流程图如图 4-14 所示。

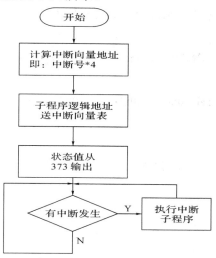

图 4-14　NMI 中断实验流程图

实验程序如下：

```
        #make_exe#
        .model   small
        .stack
        .code
        .startup   ;

nmiclr:
        push es
        mov ax, 0
        mov es, ax
        mov al, 02h
        xor ah, ah
        shl ax, 1            ; al 扩大 2 倍
        shl ax, 1            ; al 再扩大 2 倍
        mov si, ax
        mov ax, offset nmi  ; 中断子程序入口地址的 ip
mov es: [si], ax            ; 中断向量表是 0000h：0000h 开始的 1 KB
        inc si
        inc si
        mov bx, cs
mov es: [si], bx            ; 中断子程序入口地址的段寄存器值 = cs = 0000h
```

```
        pop es
        mov al, 11000011b
        mov dx, 600h        ; 端口地址，因为 cs 是接到 IO3
        out dx, al
        jmp $               ; 等待中断。nmi 是跳变有效 0→1，= 1 或 0 无效，即中断不发生。
nmi:
        xor al, 0ffh        ; al = 0fh 与 0ffh 异或，= 0f0h
        mov dx, 600h
        out dx, al
exit:   iret                ; 返回主程序
        .data
        end
```

6. 实验分析

对实验进行以下几方面分析。

(1) 编写一个中断子程序 NMI，用其入口地址替换 NMI 中断占用的中断向量表(是 0000H: 0000H 开始的 1 KB，每个中断占用 4 B 保存中断入口地址)中相应的偏移地址和段地址。因为 NMI 中断号是 2，即其入口地址占用中断向量表的 02H×4 开始的 4 个字节(0000H: 0008H～0000H: 000BH)，实现代码如下：

```
        mov ax, 0
        mov es, ax
        mov al, 02h
        xor ah, ah
        shl ax, 1           ; al 扩大 2 倍
        shl ax, 1           ; al 再扩大 2 倍
        mov si, ax
        mov ax, offset nmi  ; 中断子程序入口地址的 ip
mov es: [si], ax            ; 中断向量表是 0000h: 0000h 开始的 1 KB
        inc si
        inc si
        mov bx, cs
mov es: [si], bx            ; 中断子程序入口地址的段寄存器值 = cs = 0000h
```

(2) 执行代码：

```
        mov al, 11000011b
        mov dx, 600h        ; 端口地址，因为 cs 是接到 IO3
        out dx, al
        jmp $               ; 等待中断。
```

主程序向 74LS273 发送数据 11000011B，驱动 8 个 LED 灯初始显示状态。然后主程序执行 jmp　$，等待中断发生。一旦 NMI 引脚有从 0→1 的电平跳变，停止主程序执行，进入子程序，执行如下代码：

```
xor al, 0ffh
mov dx, 600h
out dx, al
```

8086 将数据 11000011B 取反后送到 74LS273，驱动 8 个 LED 灯显示状态全部变反。.

(3) 这个程序实现的效果就是 8 盏 LED 灯在两种状态间的切换。

(4) jmp $ 就是转移到该指令的本身地址，原地踏步的效果，实现主程序的等待状态。一旦有中断发生，就可以去执行中断程序。

4.8　中断计数并送 1 个数码管显示

1. 实验内容

通过按键触发 NMI 中断，完成一次加 1 计数运算，计数范围是 0～9，之后计数值输出到一个数码管显示。

2. 实验目的

本实验的目的是掌握非屏蔽中断的工作原理，熟悉中断向量的操作，熟悉中断服务程序的设计。

3. 实验涉及的知识点

实验涉及的知识点包括：NMI 中断原理、中断向量表。

4. 实验电路

本实验的控制电路如图 4-15 所示。

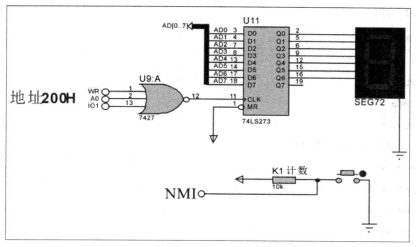

图 4-15　NMI 中断计数

　　通过按键触发 NMI 中断，按下按键，发送一个高电平至 8086 的 NMI 引脚。触发 NMI 中断子程序的执行。

　　NMI 中断子程序功能：变量 ccc 加 1 运算，并将值送共阴极数码管显示。数码管由 74LS273 驱动显示。即计数和数码管显示都是在 NMI 中断子程序中完成。

5. 程序流程图及代码

　　根据实验要求，设计流程图如图 4-16、图 4-17 所示。

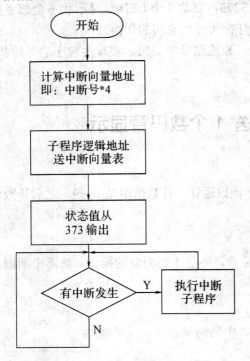

图 4-16　NMI 中断计数主程序流程图

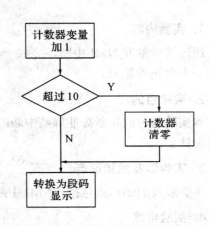

图 4-17　NMI 中断计数子程序流程图

实验程序如下：

```
#make_exe#
.model    small
.stack
.code
.startup
; 准备替换 nmi 中断功能
push es
mov ax, 0
mov es, ax
mov al, 02h
xor ah, ah
```

```
        shl ax, 1              ; al 扩大 2 倍
        shl ax, 1              ; al 再扩大 2 倍
        mov si, ax
        mov ax, offset nmiservice    ; 中断子程序入口地址的 ip
mov es: [si], ax              ; 中断向量表是 0000h: 0000h 开始的 1KB
        inc si
        inc si
        mov bx, cs
mov es: [si], bx             ; 中断子程序入口地址的段寄存器值 = cs
        pop es
        mov bx, offset tab
        mov dx, 0200h
        add bx,　08h          ; 数码管最开始显示 8
        mov al, [bx]
        out   dx, al
        push bx
        push cx
        mov bx, 400          ; 延时
k1:     mov cx, 500
k2:     loop k2
        dec bx
        jnz k1
        pop cx
        pop bx
        jmp   $
nmiservice:
        mov al, ccc
        add al, 1
        daa                  ; 加法调整
        mov ccc, al
        cmp ccc, 0ah
        jb h1
        mov ccc, 0
h1:
        mov bx, offset tab    ; 取表 tab 的首地址
        mov dx, 0200h
        add bl, ccc          ; 计算显示段码在段码表中的次序号
```

```
        mov   al, [bx]           ; 将 bx 和 ccc 求和作为计数数值的数码管显示段码在 tab 表中的序号
        out   dx, al
        ; 段码送数码管后，必须要延时
        push bx
        push cx
        mov bx, 100             ; 延时
lp1:    mov cx, 200
lp2:    loop lp2
        dec bx
        jnz lp1
        pop cx
        pop bx
exit:
        iret
        .data
        tab db 3fh, 06h, 5bh, 4fh, 66h, 6dh, 7dh, 07h, 7fh, 6fh   ; 0 1 2 3 4 5 6 7 8 9
        end   db 00h
        ccc   dw    -1
        ttt   db   10
        end
```

6. 实验分析

对实验进行以下几方面分析。

(1) 主程序中，用自定义的中断子程序 NMI 的入口地址替换 8086 微机系统中断系统中 NMI 中断默认占用的中断向量表(是 0000H：0000H 开始的 1KB，每个中断占用 4B 保存中断入口地址)中相应的偏移地址和段地址空间。因为 NMI 中断号是 2，即其入口地址占用中断向量表的 02H*4 开始的 4 个字节(0000H: 0008H～0000H: 000BH)，实现代码如下：

```
        mov ax, 0
        mov es, ax
        mov al, 02h
        xor ah, ah
        shl ax, 1                ; al 扩大 2 倍
        shl ax, 1                ; al 再扩大 2 倍
        mov si, ax
        mov ax, offset nmiservice   ; 中断子程序入口地址的 ip
mov es: [si], ax         ; 中断向量表是 0000h: 0000h 开始的 1 KB
```

```
        inc si
        inc si
        mov bx, cs
mov es: [si], bx        ; 中断子程序入口地址的段寄存器值 = cs
        pop es
```

(2) 主程序向 74LS273 发送数据 8，驱动数码管显示初始值 8。然后主程序执行 jmp　$，等待中断发生。一旦 NMI 引脚有从 0→1 的电平跳变，停止主程序执行，进入子程序，执行加 1 计数功能并送数码管显示。

(3) 编写一个中断子程序，实现变量 ccc 从 0 开始计数加 1，并将计数值送数码管显示。显示原理：

```
        mov dx, 0200h
        add bx, ccc        ; 计算显示段码在段码表中的次序号
        mov al, [bx]       ; 将 bx 和 ccc 求和作为计数数值的数码管显示段码在 tab 表中的序号
        out dx, al
```

取表 tab 的首地址保存至 bx，将 bx 和 ccc 求和作为计数数值的数码管显示段码在 tab 表中的序号，取出相应的段码。

8086 向端口地址 0200h 写段码内容(逻辑地址 ds：bx)，此时硬件电路中，按照 8086 写外设时序，$\overline{WR}$、A0、$\overline{IO1}$ 都是低电平时($\overline{IO1}$ 有效说明 8086 选中 74LS273、$\overline{WR}$ 有效说明 8086 向 74LS273 写入数据)，与非门 7427 输出高电平，74LS273 的 CLK 由低电平变为高电平，8086 输出到 74LS273 的(地址 ds：[bx])D0～D7 的数据通过芯片，并锁存数据。

延时一段时间后，执行 iret 退出中断子程序，返回主程序断点处。

4.9　两个数码管显示中断计数值

1. 实验内容

利用 NMI 中断检查按键的状态，当按下时，产生 NMI 中断，变量值从 0 开始加 1，并送两个 LED 数码管显示。加到 50 后回恢复为 0，循环此过程。

2. 实验目的

本实验的目的是进一步掌握非屏蔽中断的工作原理，熟悉中断向量的操作，熟悉中断服务程序的设计。

3. 实验涉及的知识点

实验涉及的知识点包括：NMI 非屏蔽中断原理，中断向量表。

4. 实验电路

本实验电路如图 4-18 所示，两片 74LS273 分别接一个 7 段数码管。两片 74LS273 的

CLK 输入端接与非门 74LS27 的输出，一片 74LS27 的三个输入端接 $\overline{\text{WR}}$ 、$\overline{\text{BHE}}$ 、$\overline{\text{IO1}}$，一片 74LS27 的三个输入端接 $\overline{\text{WR}}$ 、A0、$\overline{\text{IO1}}$。两片 74LS273 都并联接在 $\overline{\text{IO1}}$ 上，即 8086 寻址外设端口地址是 200H 时，两片 74LS273 同时被选中，同时驱动两个 LED 数码管显示。

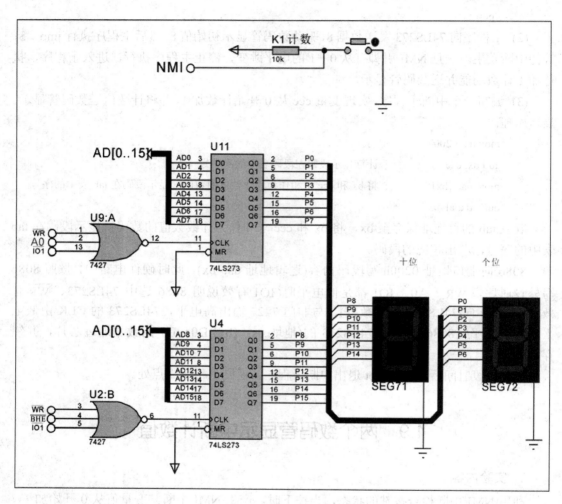

图 4-18　中断实现两位数计数

本实验电路硬件工作原理是按照 8086 写外设时序，当 8086 对端口地址 200H 寻址时，$\overline{\text{IO1}}$=0，同时选中两片 74LS273。由于 $\overline{\text{BHE}}$ 、A0 同时为低电平时，16 位数据有效。$\overline{\text{WR}}$ = 0 有效说明 8086 向 74LS273 写入数据，与非门 7427 输出高电平，74LS273 的 CLK 由低电平变为高电平，8086 输出到 74LS273 的数据写入芯片，并被锁存。

注意：8086 向 200H 地址端口输出数据时，两片 74LS273 的输入端接收数据，U11 接收低 8 位数据，U4 接收高 8 位数据。

最后两片 74LS273 的输出端分别驱动两个数码管的数据显示。

5. 程序流程图及代码

根据实验要求，流程图如图 4-19 所示。

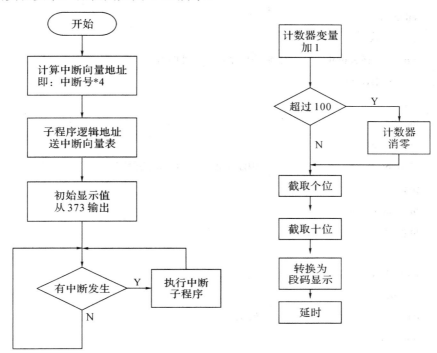

图 4-19　中断实现两位数计数的程序流程图

实验程序如下：

```
#make_exe#
.model small
data    segment
    tab db 3fh, 06h, 5bh, 4fh, 66h, 6dh, 7dh, 07h, 7fh, 6fh    ; 共阴极段码
    ccc   db   -1
data ends
code segment
assume cs: code, ds: data
start:    mov ax, data
          mov ds, ax
          ; 准备替换 nmi 中断的入口地址功能
          push es
          mov ax, 0
          mov es, ax
          mov al, 02h
```

```
        xor ah, ah
        shl ax, 1
        shl ax, 1
        mov si, ax
        mov ax, offset nmi        ; 中断子程序入口地址的 IP
        mov es: [si], ax
        inc si
        inc si
        mov bx, cs
mov es:   [si], bx                 ; 中断子程序入口地址的段寄存器值 = cs 值
        pop es
        mov dx, 0200h
        jmp   $
nmi:
        mov al, ccc
        add al, 1
        daa                        ; 校正
        mov ccc, al
        cmp ccc, 64h
        jb k1
        mov ccc, 0
k1:
        mov bl, ccc                ; cl 十位，ch  个位
        mov si, offset tab
        and   bx, 000fh            ; 取低四位，个位的显示段码的次序号
        mov   al, [bx+si]
        mov bl, ccc
        mov si, offset tab
        and   bx, 00f0h            ; 8 位，取高四位
        mov cl, 4
        shr bx, cl                 ; 十位的显示段码的次序号
        mov   ah, [bx+si]
        out   dx, ax               ; ah = 高位，al = 低位
        push bx
        push cx
        mov bx, 400                ; 延时
```

```
k5:        mov cx, 500
k2:        loop k2
           dec bx
           jnz k5
           pop cx
           pop bx
           iret
           code ends
           end start
```

6. 实验分析

对实验进行以下几方面的分析。

(1) 用新中断程序的入口地址替换原始 NMI 中断的入口地址。本例需要编写一个新中断子程序 NMIchb，用其入口地址替换 NMI 中断占用的中断向量表(是 0000H：0000H 开始的 1KB，每个中断占用 4B 保存中断入口地址)中相应的偏移地址和段地址。因为 NMI 中断号是 2，即其入口地址占用中断向量表的 02H × 4 开始的 4 个字节(0000H：0008H～0000H：000BH)，实现代码如下：

```
           mov ax, 0
           mov es, ax
           mov al, 02h
           xor ah, ah
           shl ax, 1              ; al 扩大 2 倍
           shl ax, 1              ; al 再扩大 2 倍
           mov si, ax
           mov ax, offset nmi     ; 中断子程序入口地址的 IP
  mov es: [si], ax               ; 中断向量表  是 0000h: 0000h 开始的 1 KB
           inc si
           inc si
           mov bx, cs
  mov es: [si], bx               ; 中断子程序入口地址的  段寄存器值  = cs
           pop es
```

(2) 主程序不实现其他功能，只准备好寻址地址 200h 的外设。

```
  mov dx, 0200h
```

然后主程序执行 jmp 　 $，等待中断中断发生。一旦 NMI 引脚有从 0→1 的电平跳变，停止主程序执行，进入子程序，执行加 1 计数功能并送数码管显示。

(3) 编写一个中断子程序 NMIchb，实现变量 ccc 从 0 开始计数加 1，并将计数值送数码管显示，显示过程无限循环。

```
        mov al, ccc
        add al, 1
        daa    ; 加法调整
```

显示原理如下：

K1:

```
        mov bl, ccc            ; cl 十位, ch 个位
        mov si, offset tab
        and   bx, 000fh        ; ccc 是 8 位二进制, 取低 4 位值, 即 ccc 的十六进制值的低位
        mov   al, [bx+si]      ; 将 bx 和低位值求和作为低位值的数码管显示段码在 tab 表中的序号

        mov bl, ccc
        mov si, offset tab     ; 取表 tab 的首地址保存至 bx
        and   bx, 00f0h        ; ccc 是 8 位二进制, 取高四位值, 即 ccc 的 16 进制值的高位
        mov cl, 4
        shr bx, cl
        mov   ah, [bx+si]      ; 十位, 将 bx 和高位值求和作为高位值的数码管显示段码在 tab
                               ; 表中的序号
        out   dx, ax           ; ah = 高位值, al = 低位值
        jmp k1                 ; 必须循环往复执行, 不需要延时了。
        iret
```

每次按键中断，进入中断子程序，显示过程代码无限循环执行。每次按键触发后，重新执行子程序改变了 ccc 的值，数码管显示过程代码显示最新计数值。

4.10 矩 阵 键 盘

1. 实验内容

设计一个四行四列的行列扫描式键盘，键盘为 0～F 共 16 个元素的十六进制数字键，采用行列扫描式接口，数码管显示按下键的键号。

2. 实验目的

本实验的目的是学习行列式矩阵键盘的接口、键码产生的原理和键盘驱动编程。

3. 实验涉及的知识点

实验涉及的知识点包括：行列式矩阵键盘与 8086 的硬件接口。

4. 实验电路

为了减少键盘与微机接口时所占用 I/O 口线的数目，在键数较多时，通常都将键盘排列成行列矩阵式，每一水平线(行线)与垂直线(列线)的交叉处本身不相通，是通过一个按键

连通的。利用这种行列矩阵结构只需 N 个行线和 M 个列线即可组成 M×N 个按键的键盘。图 4-20 是 4×4(16 键)行列式键盘电路。

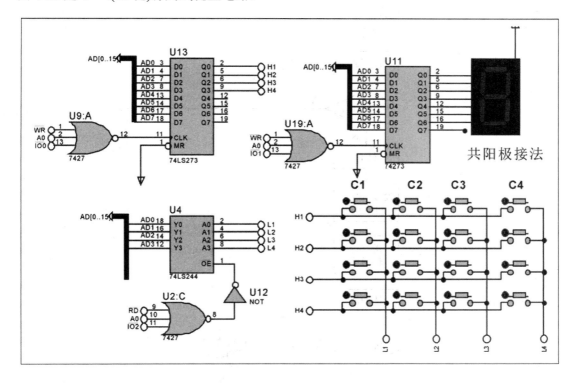

图 4-20 矩阵键盘

如图 4-20 所示，一片 74LS273(片选 $\overline{IO0}$)的四个输出端接 4×4 行列键盘的四个行信号、输出键盘行信号。一片 74LS244(片选 $\overline{IO2}$)的四个输入端接 4×4 行列键盘的四个列信号、读入键盘列信号。一片 74LS273(片选 $\overline{IO1}$)的 8 个输出信号作为数码管的共阳极段码信号，显示当前按下的键值。三个芯片对应的端口地址分别是 0000h、200h、400h。

5. 程序流程图及代码

根据实验要求，设计程序流程图如图 4-21、图 4-22 所示。

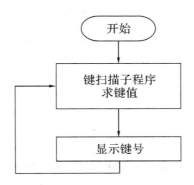

图 4-21 矩阵键盘主程序流程

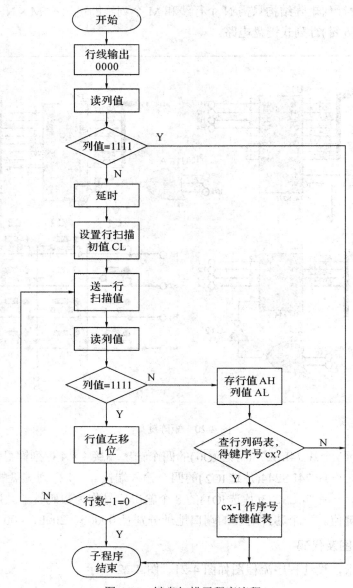

图 4-22　键盘扫描子程序流程

为了减少按键对 IO 端口的占用，基于上述 4 × 4 行列键盘，采用行列扫描法判断按下的键值，程序如下：

```
#make_exe#
data    segment
kkk    db 0
hangnum db 4
situation db 0c0h, 0f9h, 0a4h, 0b0h, 099h, 092h, 082h, 0f8h, 080h, 090h
db 88h, 83h, 0c6h, 0a1h, 86h, 8eh          ; 共阳极数码管段码表
```

```
table:   dw 0fe0eh
         dw 0fe0dh
         dw 0fe0bh
         dw 0fe07h
         dw 0fd0eh
         dw 0fd0dh
         dw 0fd0bh
         dw 0fd07h
         dw 0fb0eh
         dw 0fb0dh
         dw 0fb0bh
         dw 0fb07h
         dw 0f70eh
         dw 0f70dh
         dw 0f70bh
         dw 0f707h
         tablex   db 7, 8, 9, 0ah, 4, 5, 6, 0bh, 1, 2, 3, 0ch, 0, 0dh, 0eh, 0fh    ; 键值表
         data ends
         code    segment
assume cs: code, ds: data
start:   mov ax, data
         mov ds, ax
again:
         call keyzi
         mov al, key
         mov bx, offset situation
         xlat
         mov dx, 200h
         out dx, al
         jmp again
         keyzi proc
         mov al, 00h
         mov dx, 0000h
         out dx, al
         mov dx, 400h
         in al, dx
         and al, 0fh
```

```
              cmp al, 0fh
              jnz scan
              ret
       scan:
              call delay
       prog:  mov cl, 0feh
              mov hangnum, 4
       frow:
              mov al, cl
              mov dx, 0000h
              out dx, al
              mov dx, 400h
              in al, dx
              and al, 0fh
              cmp al, 0fh
              jnz fcol
              rol   cl, 1
              dec hangnum
              jnz   frow
              ret
       fcol:
              mov ah, cl
              mov si, offset table+15*2
              mov cx, 16
       lop0:
              cmp ax, [si]
              jz keypr
              dec si
              dec si
              loop lop0
              ret
       keypr:
              mov bx, offset tablex
              dec cl
              mov al, cl
              xlat
              mov key, al
```

```
        ret
        keyzi endp
        delay proc    near
        push bx
        push cx
        mov bx, 1
del1:   mov cx, 5882
del2:   loop    del2
        dec bx
        jnz del1
        pop cx
        pop bx
        ret
        delay   endp
        code        ends
        end start
```

6. 实验分析

采用行列扫描法判断按下的键值时，对键的识别通常采用两步扫描判别法：

(1) 四个行线输出 0，如果有任何一列的键按下，则四条列线上必有一位为 0。通过 U13　74LS273 矩阵键盘发送 4 位行扫描码 1111 0000，由 74LS244 读取键盘的四列信号，如果四列信号为 0FH，则无键按下；否则，有键按下，执行第二步。

(2) 判断按键的行、列位置，并计算按键序号，具体步骤如下。

① 通过 U13　74LS273 依次向矩阵键盘发送 4 位行扫描码 1111 1110、11111101、11111011、11110111，由 74LS244 读取键盘的四列信号，依次判断四行是否有键按下。如果某列为 0，说明该行列交叉处的按键按下。执行下一步判断键值。

② 行扫描码和列扫描码构成 8 位行列码，求出对应的键值。

(3) 由键值，查出对应的数码管显示段码，送 U11 74LS273 驱动数码管显示键值。

7. 举例

以"按下键 C"为例，对实验进行说明。

(1) 四个行线输出 0，则四条列线上必有一位为 0。通过 U13 74LS273 矩阵键盘发送 4 位行扫描码 1111 0000，由 74LS244 读取键盘的四列信号，四列信号不等于 0FH，有键按下，执行第二步。

(2) 判断按键的行、列位置，并计算按键序号，具体步骤如下。

① 通过 U13　74LS273 依次向矩阵键盘发送 4 位行扫描码 1111 1110，由 74LS244 读取键盘的四列信号，四列信号为 0FH，说明第 0 列无键按下。

通过 U13　74LS273 依次向矩阵键盘发送 4 位行扫描码 11111101，由 74LS244 读取键盘的四列信号，四列信号为 0FH，说明第 0 列无键按下。

通过 U13　74LS273 依次向矩阵键盘发送 4 位行扫描码 11111011B = 0FBH，由 74LS244 读取键盘的四列信号，四列信号为 07H，说明第 4 列有键按下。

② 行扫描码和列扫描码构成 8 位行列码 1111 1011 0000 0111B = 0FB07H，查找行列码表，根据匹配的行列码，间接由 cx 值 12 找出行列码在表 table 的序号，再根据序号值 cx − 1 = 11 查找键值表 tablex 求出对应的键值 0ch。

注意：行列码表序号值从 1～16，而键值表序号是 0～15，所以 cx-1。

③ 由键值 0ch，查找段码表 situation 查出 0ch 序号对应的数码管显示段码 0c6h，送 U11 74LS273 驱动数码管显示键值 C。

4.11　点阵屏静态显示

1. 实验内容

8086 驱动单个 8 × 8 点阵屏显示一个数字 3。

2. 实验目的

本实验要达到以下目的：

(1) 了解 8 × 8 点阵屏显示的基本原理。

(2) 掌握 8086 和 8 × 8 点阵屏的硬件接口和显示驱动程序设计。

3. 实验涉及的知识点

实验涉及的知识点是 8 × 8 点阵屏。

4. 实验电路

本实验电路如图 4-23 所示。

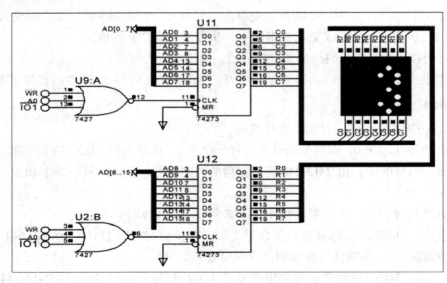

图 4-23　点阵屏显示数字

两片 74LS273 都使用 IO1 作为片选寻址，一片 74LS273 的输出信号传送数据线的低 8 位数据作为点阵屏列码，一片 74LS273 的输出信号传送数据线的高 8 位数据作为点阵屏段码。

5. 程序流程图及代码

根据实验要求，流程图如图 4-24 所示。

实验程序如下：

```
        xor al, 0ffh              ; 取反
        ; xor al, 0ffh    ;
        #make_exe#
        data segment
                ttt     db 00h, 00h, 36h, 49h, 22h, 00h, 00h, 00h    ; 3 的段码
        data    ends
        code segment
assume cs: code, ds: data
start:
        mov ax, data
        mov ds, ax
k2:
        mov bl, 80h              ; 选列初值，从左至右
        mov si, offset ttt
        mov bp, 0
k1:                             ; 1 个数的 8 列，依次取出显示
        mov al, [bp+si]
        xor al, 0ffh            ; 取反
        mov bh, al
        mov ax, bx              ; bh 是段码，bl 是列码
        mov dx, 0200h           ; 每列的段码值、列码同时
```

送到数据线，两片 273 同时选中了

```
        out dx, ax             ; 必须是 al, ax, 小心冲突
        push cx; 延时
        push bx
        mov bx, 2
lp1:    mov cx, 200
lp2:    loop lp2
        dec bx
        jnz lp1
        pop bx
```

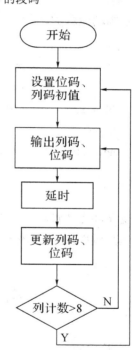

图 4-24　点阵屏静态显示程序流程图

```
        pop cx
        shr bl, 1            ; 循环左移一位, 选中下一列
        inc bp              ; 计数, 8 列
        cmp bp, 8
        jnz k1              ; 取 8 次, 完成一个数的显示, 但是 1 次显示后, 还是不行的, 要多次循环把
                            ; 数字的 8 个列值送到点阵显示
        jmp k2             ; 循环, 重复显示一个数的 8 列
        code ends
        end start
```

6. 程序分析

显示驱动流程关键代码如下:

```
        mov bl, 01h        ; 选列初值, 从左边开始选列, 并同时送列码和位码, 送列码到点阵屏(列码
                            ; 通过数据线低 8 位送到 U11 74LS273), 位码到点阵屏(位码通过送数据线高
                            ; 8 位送到 U11 74LS273), 延时一段时间后,
        shl bl, 1          ; 位码左移一位, 选下一列
        inc bp
        mov al, [bp+si]    ; 位码左移一位, 选下一列。然后从列码表, 读取下一个列的列码, 同时将
                            ; 列码和段码送至点阵屏, 延时一段时间。如此按照顺序依次选取 8 列的列码
                            ; 到点阵屏不同的 8 列显示
```

反复循环上述过程, 只要延时时间足够短, 利用人眼视觉惰性, 虽然实际是 8 列依次显示, 但是频率快, 人眼感觉不到闪烁, 达到 8 列数据似乎同时稳定显示的效果。

4.12   点阵屏循环显示数字

1. 实验内容

通过 8086 驱动单个 8×8 点阵屏循环显示 0~9 数字。

2. 实验目的

本实验要达到以下目的:

(1) 进一步掌握 8×8 点阵屏显示的基本原理。

(2) 掌握 8086 和 8×8 点阵屏的循环显示数字的驱动程序设计。

3. 实验涉及的知识点

实验涉及的知识点是 8×8 点阵屏。

4. 实验电路

本实验电路如图 4-25 所示, 点阵屏控制原理略。

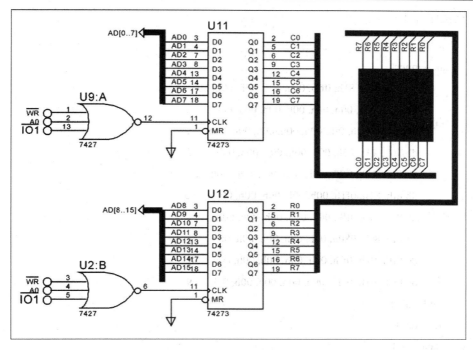

图 4-25　点阵屏循环显示数

5. 程序流程图及代码

根据实验要求，流程图如图 4-26 所示。

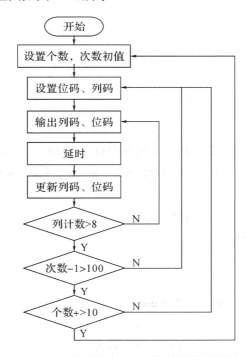

图 4-26　点阵屏循环显示数字程序流程图

实验程序如下：

```
#make_exe#
data segment
        ttt   db 0ffh, 81h, 0ffh, 00h, 00h, 00h, 00h, 00h      ; 0
              db 0ffh, 00h, 00h, 00h, 00h, 00h, 00h, 00h       ; 1
              db 0f1h, 091h, 9fh, 00h, 00h, 00h, 00h, 00h      ; 2
              db 36h, 49h, 22h, 00h, 00h, 00h, 00h, 00h        ; 3
              db 0ffh, 10h, 0f0h, 00h, 00h, 00h, 00h, 00h      ; 4
              db 8fh, 81h, 0f1h, 00h, 00h, 00h, 00h, 00h       ; 5
              db 8fh, 81h, 0ffh, 00h, 00h, 00h, 00h, 00h       ; 6
              db 0fh, 80h, 080h, 00h, 00h, 00h, 00h, 00h       ; 7
              db 0ffh, 91h, 0ffh, 00h, 00h, 00h, 00h, 00h      ; 8
              db 0ffh, 91h, 0f1h, 00h, 00h, 00h, 00h, 00h      ; 9
        ddd   db 0
        rrr   db 0
        data  ends


        code segment
assume cs: code, ds: data
start:
        mov ax, data
        mov ds, ax
k3:
        mov ddd, 0
        mov bp, 0
        mov cx, 100        ; 每个数字的 8 列显示过程重复 100 次，由于人眼惰性，因此看不出来
                           ; 是一列列逐个显示的，数字呈现稳定显示状态
 k2:
        mov bl, 80h        ; 选列初值，左→右
        mov si, offset   ttt
        mov ah, 0          ;
        mov al, 08h
        mul ddd            ; al = 8，乘以 ddd,
        mov bp, ax
k1:                        ; 1 个数的 8 列，依次取出显示
        mov al, [bp+si]
```

```
        xor al, 0ffh        ; 取反，0 亮 1 灭
        mov bh, al          ;
        mov ax, bx          ; bh 是段码，bl 是列码
        mov dx, 0200h       ; 每列的段码值列码，同时送到数据线，两片 273 同时选中了
        out dx, ax
        push cx             ; 延时 t1 时间，t1 延时时间长，就是慢动作依次显示 8 列
        push bx             ; t1 延时时间很短，就是快动作依次显示 8 列
        mov bx, 2
lp1: mov cx, 100
lp2: loop lp2
        dec bx
        jnz lp1
        pop bx
        pop cx
        shr bl, 1           ; 循环左移一位，选中下一列
        inc bp
        inc rrr             ; 计数，共 8 列
        cmp rrr, 8
        jnz k1              ; 取 8 次，完成一个数的显示，但是 1 次显示后，还是不行的，要多次，循
                            ; 环把数字的 8 个列值送到点阵显示
        mov    rrr, 0       ; 延时显示一段时间，即上述 8 列的显示过程重复 100 次
        loop k2             ; 一个数的 8 列显示过程重复 100 次，由于人眼惰性，看不出来是一列列逐个
                            ; 显示的，数字呈现稳定显示状态
        ; 显示下一个数字 '8'
        mov cx, 100         ;
        inc    ddd
        cmp    ddd, 10      ; 控制是显示 10 个数字
        jnz    k2           ; 10 个数字都过了一遍。就执行 jmp k3 无限循环执行数字的显示程序
        jmp    k3
        code ends
        end start
```

6. 实验分析

程序采用两层循环实现循环显示 0～9 的功能。

(1) 内循环：8 次，rrr 控制次数(rrr 取值 0～7)。

① 依次选中 1 列，并送该列段码，可显示 1 个数字的 1 列，后延时一段时间 t1。

②　8 次完毕，1 个数字的 8 列各显示 1 次。通过 mov al, [bp+si]取每列的段码。

③　t1 延时时间长，是慢动作依次显示 8 列，t1 延时时间很短，就是快动作依次显示 8 列。

④　每个数字的 8 列显示过程：重复 cx 次(cx = 150)，因为 t1 延时时间很短，就是快动作，频率高，8 列瞬间依次显示完，150 轮显示，因为人眼惰性，看不出来是一列列逐步显示的，数字呈现稳定显示状态。

(2)　外循环：10 次，由 ddd 控制次数(ddd 取值 0~9)。

①　每个数字 8 列段码在相应的列显示完一轮后，重复 150 次该过程。接着显示下一个数字。

②　通过下述代码计算下一个数字的段码起始地址。

```
mov ah, 0            ; 小心不能少
mov al, 08h
mul ddd              ; al = 8,  乘以 ddd
mov bp, ax
```

③　通过 mov al, [bp+si]取每列的段码。

④　10 个数字的显示完毕后，就执行 jmp k3，重新设置 ddd、cx 的初值。

```
mov ddd, 0
mov bp, 0
mov cx, 150
```

无限循环，执行 10 个数字的显示程序。

4.13　8255A 开关控制灯

1. 实验内容

编写程序，以 8255A 作为输入输出口，接收开关量输入，控制 LED 灯和数码管的显示。

2. 实验目的

本实验要达到以下目的：

(1)　熟悉 8255A 芯片与 8086 常用的连接方法。

(2)　学习并口 8255A 的编程原理，掌握微处理器 8086 的并口 8255A 编程技术。

3. 实验涉及的知识点

实验涉及的知识点是并行接口 8255A。

4. 实验电路

本实验的控制电路如图 4-27 所示。

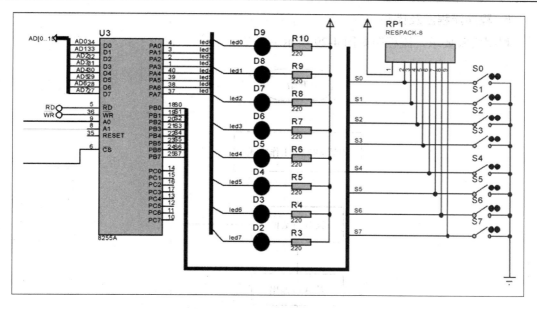

图 4-27 8255A 开关控制灯

8255A 芯片简介,8255A 可编程外围接口芯片是 INTEL 公司生产的通用并行接口芯片,它具有 A、B、C 三个并行接口,用 +5 V 单电源供电,能在以下三种方式下工作:

(1) 方式 0 是基本输入/输出方式。

(2) 方式 1 是选通输入/输出方式。

(3) 方式 2 是双向选通工作方式。

本实验中,8255A 端口 PB 工作在方式 0,并作为输入口,读取 S0～S7 开关量,PA 口工作在方式 0,作为输出口,控制 LED 灯的亮灭。本实验的译码电路如图 4-28 所示。

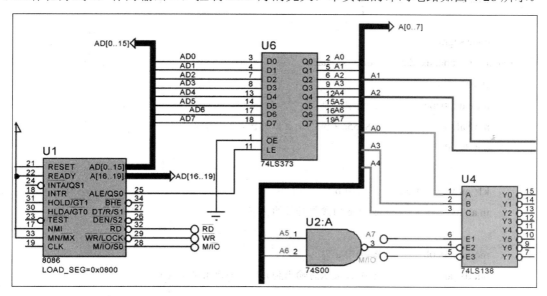

图 4-28 8255A 端口地址译码电路

5. 程序流程图及代码

根据实验要求，流程图如图 4-29 所示。

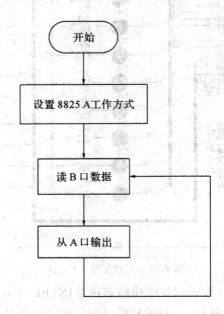

图 4-29　8255A 开关控制灯流程图

实验程序如下：

```
#make_exe#
data segment
data ends


code segment
assume cs: code, ds: data, es: data, ss: stack
    start:
    mov dx, 0e6h            ; 选中控制口
    mov al, 82h             ; 8255a 控制字，a 口输出，b 口输入
    out dx, al


    k1: mov dx, 00e2h       ; 选中 b 口
    in al, dx               ; 从 b 口接收开关的状态


    mov dx, 0e0h            ; 选中 a 口
    out dx, al              ; 把开关状态输出到 a 口，驱动 led 灯显示


    jmp    k1
```

```
        code ends
        end start
```

6. 实验分析

从图 4-28 中可见，地址信号 A4A3A0 送入 3-8 译码器 74LS138 的输入端 CBA。74LS138 的输出端 Y0 接 8255A 的片选信号。地址信号 A7A6A5 必须等于 111，保证输入 74LS138 的使能信号 E1、E2 和 E3 有效。当 8086 寻址时，若地址线 A4A3A0 = CBA = 000，则 Y0 = 0，8086 选中外部 8255A 芯片，并进行数据传送。另外，地址总线的 **A2A1** 接 8255A 的 A1A0。所以可以计算出 8255A 端口地址分别如下：

16 位地址 A15………A7 A6A5A4 A3A2A1**A0**　取值为 0000000011100000B= 0e0h 时，74LS138 输出端 Y0 = 0，其连接的外设芯片 8255A 被选中。

8255A 端口地址：A 口地址是 0e0h。

若地址线 A2A1 = 01，是 B 口的地址，即 A15…………A7 A6A5A4 A3A2A1**A0** 取值为 0000000011100010B = 0e2h 时，选中 B 口。

若地址线 A2A1 = 10，是 C 口的地址，即 A15…………A7 A6A5A4 A3A2A1**A0** 取值为 0000000011100100B = 0e4h 时，选中 C 口。

若地址线 A2A1 = 11，是控制口的地址，即 A15………A7 A6A5A4 A3A2A1**A0** 取值为 0000000011100110B = 0e46h 时，选中控制口。

通过设置 8255A 控制字规定其 A 口输出，B 口输入，使用的是方式 0，即基本输入输出方式。8086 首先选中 B 口，通过 in al, dx 从 B 口接收开关的状态。闭合为 0，断开为 1。然后将选中 A 口，通过 out dx, al 把开关状态值输出到 A 口，驱动 LED 灯显示，为 0 则相对应的灯亮。

4.14　8255A 控制交通灯

1. 实验内容

编写程序，控制三色 LED 灯(可发红、绿、黄光)，模拟十字路口交通灯管理。假设一个十字路口为东西南北走向。初始状态 0 为东西红灯，南北红灯。然后转状态 1，南北绿灯通车，东西红灯。过一段时间转状态 2，南北绿灯闪几次转亮黄灯，延时几秒，东西仍然红灯。再转状态 3，东西绿灯通车，南北红灯。过一段时间转状态 4，东西绿灯闪几次转亮黄灯，延时几秒，南北仍然红灯。最后循环至状态 1。

2. 实验目的

通过并行接口 8255A 实现十字路口交通灯的模拟控制，进一步掌握对并行口的使用。掌握 8255A 口的基本驱动编程方法。

3. 实验涉及的知识点

实验涉及的知识点是 8255A 并口技术。

4. 实验电路

本实验电路如图 4-30 所示。

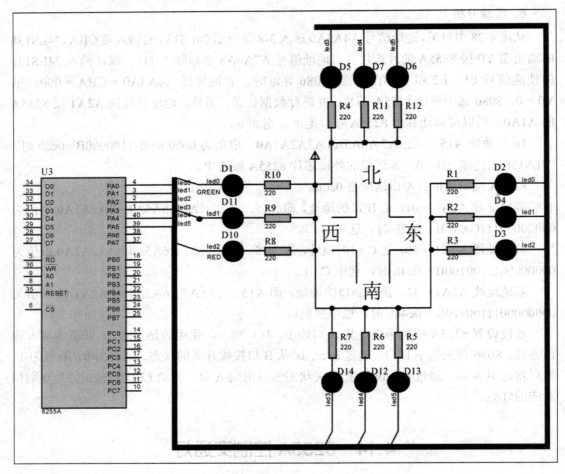

图 4-30　8255A 交通灯

十字路口交通灯的变化规律要求：

(1) 南北路口的绿灯、东西路口的红灯同时亮 30 秒左右。

(2) 南北路口的黄灯闪烁若干次，同时东西路口的红灯继续亮。

(3) 南北路口的红灯、东西路口的绿灯同时亮 30 秒左右。

(4) 南北路口的红灯继续亮、同时东西路口的黄灯闪烁若干次。

重复上述变化过程。

8255A 的 A 口中 PA0～PA5 分别驱动一种颜色的灯，南北路口的红黄绿交通灯分别与 PA5、PA4、PA3 相连，东西路口的红黄绿交通灯分别与 PA2、PA1、PA0 相连。编程使六个灯按交通灯变化规律亮灭，如图 4-30 所示。

8086 通过选中 A 口，执行 out dx, al 指令，把红绿灯状态输出到 A 口，驱动 LED 灯显示，值为 0 时，则相应的灯亮。

5. 程序流程图及代码

根据实验要求，流程图如图 4-31 所示。

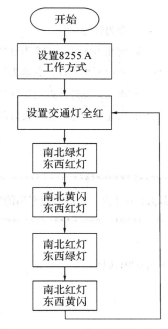

图 4-31　8255A 控制交通灯流程图

交通灯代码如下：

```
        my_stack segment
        db 100 dup(?)
        my_stack        ends
        my_data         segment
        p8255_a     dw    0e0h
        p8255_b     dw    0e2h
        p8255_c     dw    0e4h
        p8255_mode  dw    0e6h            ; 控制口地址
        delay_set0  equ         200d      ; 05ffh    ; 延时常数
        delay_set1  equ         50d       ; 5ffh            ; 延时常数
        my_data         ends
        my_code     segment
        my_proc proc  far
        assume  cs: my_code,    ds: my_data,    ss: my_stack
start:    mov           ax, my_data
        mov           ds, ax
        mov       dx, p8255_mode
```

```
            mov     al, 80h              ; 3 个口全部为输出
            out     dx, al
            mov     dx, p8255_a
            call    st0                  ; 全为红灯
traffic1: call      st1                  ; 南北为绿灯，东西为红灯
            call    st2                  ; 南北黄灯闪烁，东西为红灯
            call    st3                  ; 南北为红灯，东西为绿灯
            call    st4                  ; 南北为红灯，东西黄灯闪烁
            jmp     traffic1
            my_proc endp
;*************************************************************************
;           /*初始状态全为红灯，0 才亮，高 2 位没有用的*/
;*************************************************************************
st0         proc    near
            mov     al, 1bh   ; 00011011
            out     dx, al
            call    delay
            ret
st0         endp
;
;*************************************************************************
;           /*南北为绿灯，东西为红灯子程序*/
;*************************************************************************
st1         proc    near
            mov     dx, p8255_a
            mov     al, 33h    ; 00110011
            out     dx, al
            mov     cx, 10
dely1:      call    delay1
            loop    dely1
            ret
st1         endp
;
;*************************************************************************
;           /*南北黄灯闪烁，东西为红灯子程序*/
;*************************************************************************
;
```

```
        st2     proc    near
                mov     cl, 9h      ; 闪烁 9 次
st20:           mov     al, 2bh     ; 00101011，可改为 23h
                out     dx, al
                call    delay1
                mov     al, 3bh     ; 00111011，可改为 33h
                out     dx, al
                call    delay1
                loop    st20
                ret
        st2     endp
        ;
        ;****************************************************************
        ;       /*南北为红灯，东西为绿灯子程序*/
        ;****************************************************************;
        st3     proc near
                mov     al, 1eh     ; 00011110
                out     dx, al
                mov     cx, 5
dely2:  call    delay1
                loop    dely2
                ret
        st3     endp
        ;
        ;****************************************************************
        ;       /*南北为红灯，东西黄灯闪烁子程序*/
        ;****************************************************************;
        st4     proc near
                mov     cl, 9h
st40:           mov     al, 1dh     ; 00011101，黄灯亮，可改为 1ch
                out     dx, al
                call    delay1
                mov     al, 1fh     ; 00011111，黄灯灭可改为 1eh
                out     dx, al
                call    delay1
                loop    st40
                ret
```

```
st4      endp
;
;********************************************************************
;        /*延时子程序 1*/
;********************************************************************;
delay   proc   near      ; 延时程序
        pushf
        push dx
        push cx
        mov bx, 300      ; 延时
lp1:    mov cx, 200
lp2:    loop lp2
        dec bx
        jnz lp1
        pop  cx
        pop  dx
        popf
        ret
        delay   endp
delay1 proc   near    ; 延时程序
        pushf
        push  dx
        push  cx
        mov bx, 200      ; 延时
lp3:    mov cx, 100
lp4:    loop lp4
        dec bx
        jnz lp3
        pop  cx
        pop  dx
        popf
        ret
        delay1 endp
```

6. 实验分析

8255A 端口地址见 4.13 所述。

8086 通过寻址 0e6h，选中 8255A 的控制口，设置 8255A 控制字，控制 A 口输出，使

用 A 口的方式 0,即基本输入输出方式工作。

然后,8086 选中 A 口地址 0e0h,通过依次调用四个子程序,执行 out dx, al 把红绿灯状态输出到 A 口,驱动 LED 灯显示,0 则相应的灯亮,实现交通灯的四种状态交替。

```
call        st1                    ;南北为绿灯,东西为红灯
call        st2                    ;南北黄灯闪烁,东西为红灯
call        st3                    ;南北为红灯,东西为绿灯
call        st4                    ;南北为红灯,东西黄灯闪烁
```

其中,st1,st3 子程序调用中,东西南北的红灯或绿灯延时较长的时间 delay。而控制东西南北方向黄闪的子程序 st2,st4 每轮闪烁 9 次,闪烁间隔较短的时间 delay1。

4.15 8253A 定时器

1. 实验内容

将 32Hz 的晶振频率作为 8253A 的时钟输入,利用定时器 8253A 产生 1Hz 的方波,发光二极管不停闪烁,用示波器可看到输出的波形。

在上述实验的基础上,编写一实验程序,实现发光二极管周期性的闪烁,例如每隔一秒时间闪烁一次。

2. 实验目的

本实验要达到以下目的:

(1) 掌握 8253A 定时器/计数器的工作方式 3 和编程原理。

(2) 学习 8086 与 8253A 的连接方法、8253A 的控制方法。

(3) 利用 8086 外接 8253A 可编程定时/计数器,可以实现方波的产生。

3. 实验涉及的知识点

实验涉及的知识点是 8253A 定时器/计数器。

4. 实验电路

本实验电路如图 4-32 所示。

8253A 是一种可编程定时/计数器,有 3 个 16 位计数器,其计数频率范围是 0～2MHz,用 +5 V 单电源供电。74LS138 的输出端 Y0 接 8253A 的片选信号。地址总线的 A2A1 接 8253A 的 A1A0,所以,16 位地址 A15～A0 取值为 0000000011100000B = 0e0h 时,74LS138 输出端 Y0 = 0,其连接的外设芯片 8253A 被选中。

8253A 端口地址:计数器 0 的端口地址是 0e0h,地址 A2A1 = 11 是 B 口地址,即 A15～A0 取值为 0000000011100110B = 0e6h 时,选中 8253A 控制口。

因此,8253A 控制口是 0e6h,计数器 0 端口地址是 0e0h,8253A 计数器 1 端口地址是 0e2h,计数器 2 端口地址是 0e4h。

注意:8253A 的工作频率为 0～2 MHz,所以输入的 CLK 频率必须在 2 MHz 以下。

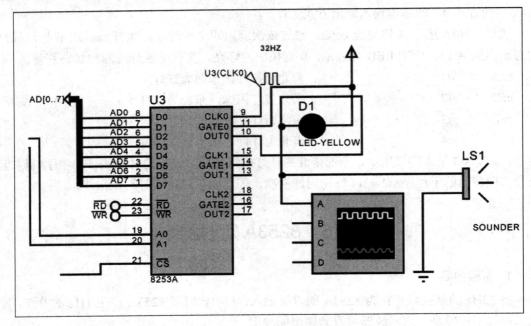

图 4-32　8253A 定时器

5. 程序代码

程序流程图如图 4-33 所示。

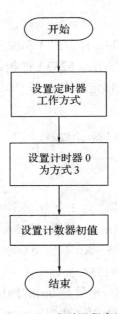

图 4-33　8253A 定时器程序流程图

实验程序如下：

```
#make_exe#
.model  small
```

```
            .stack   20h
            .code
main:   mov   sp, 9000h
        mov   dx, 0e6h          ; 写入方式控制字
        mov   al, 36h          ; 计数器 0, 16 位, 方式 3, 先读写低位, 后读写高位,
        out   dx, al           ; 方式 3, 二进制
        mov   dx, 0e0h
        mov   al, 60h          ; 初值低 8 位
        out   dx, al
        mov   al, 00h          ; 初值高 8 位
        out   dx, al
        jmp   $
        end
```

6. 实验分析

8086 通过寻址 0e6h, 向 8253A 写入方式控制字 36h, 即计数器 0, 16 位, 方式 3, 先读写低位, 后读写高位, 二进制。

```
    mov   dx, 0e6h
    mov   al, 36h
    out   dx, al
```

然后 8086 通过寻址 0e0h, 向计数器 0 送计数初值。先送低 8 位 60h, 再送高 8 位 00h。
另外, 定时器的方式 3 的初值计算:

根据公式, 计数器初值 = 输入频率 / 输出频率, 8253A 的工作频率是 32 Hz, 定时器 0 工作在方式 3, 若要输出周期是 2s 的方波, 由于 out0 频率 = 1 / 2s = 0.5 Hz, 因此初值 = 32 Hz / 0.5 Hz = 64 = 40h。

4.16　串口 8251A 通信

1. 实验内容

通过 8086 控制串口芯片 8251A 输出字符串, 并送虚拟终端显示。

2. 实验目的

本实验要达到以下目的:

(1) 熟悉 8251A 芯片与 8086 常用的连接方法。

(2) 掌握 8251A 串口的基本驱动编程方法。

3. 实验涉及的知识点

实验涉及的知识点是 8251A 串口芯片。

4. 实验电路

本实验电路如图 4-34 所示。

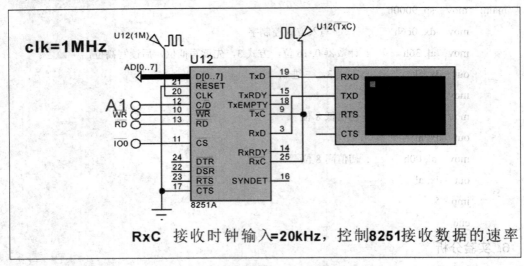

图 4-34　串口 8251A 通信

如图 4-34 所示，8251A 的 CLK 接 1 MHz(周期是 1 μs)，通信端 TxC、RxC 接 20 kHz(周期是 50 μs)方波信号。8251A 有两个端口地址：奇地址口用于写入控制字、操作命令字、状态字，控制口、状态口地址合用，由 $\overline{RD}$、$\overline{WR}$ 区分；偶地址口用于发送数据，输入、输出端口合用，由 $\overline{RD}$、$\overline{WR}$ 区分。

另外，地址线 A1 (C/$\overline{D}$)作用：当 A1 (C/$\overline{D}$) = 1 时，传送的是控制信号或操作信号或状态信号。当 A1 (C/$\overline{D}$) = 0 时，传送的是数据。引脚 $\overline{RD}$、$\overline{WR}$、C/$\overline{D}$ 的组合控制对 8251A 的各种操作。

表 4-2　8251A 片选地址

74LS 154 输出 (作为片选信号)	A15…A13	A12 A11 A10 A9	A8…A1 A0	片选地址
IO0	0…0	0000	0… 0 0 0… 1 0	0000H

表中，A12～A9 = 0000 时，$\overline{IO0}$ = 0 有效。当 8086 寻址外设地址为 0000H 时，$\overline{IO0}$ = 0 有效，选中 8251A 的数据口。此时 A1(C/$\overline{D}$) = 0，当 $\overline{WR}$ = 0 时，8086 输出数据。而 A1(C/$\overline{D}$) = 0，当 $\overline{RD}$ = 0 时，8086 输入数据。

当 8086 寻址外设地址为 0002H 时，也是 $\overline{IO0}$ = 0 有效，选中 8251A 的控制口。若 A1(C/$\overline{D}$) = 1，当 $\overline{RD}$ = 0 时，8086 输出的是控制信号或操作信号。若 A1(C/$\overline{D}$) = 1，当 $\overline{WR}$ 和 $\overline{RD}$ 为 0 时，8086 输入的是状态信号。

5. 程序流程图及代码

根据实验要求，流程图如图 4-35 所示。

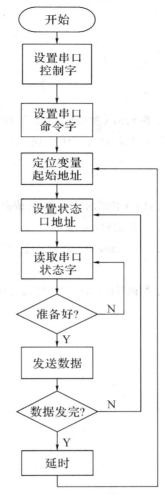

图 4-35　串口 8251A 通信程序流程图

串口显示代码如下：

```
#make_exe#

data      segment
ttt    db ' welcome   to   hubei   huanggang!', 0dh, 0ah
       db '  welcome   to   hubei!', 0dh, 0ah
       db '  welcome   to   huanggang! ', 0dh, 0ah
       hh    db 25          ; end，结束点
cs8251d   equ 0000h       ; 串行通信控制器   数据口地址
cs8251c   equ 0002h       ; 串行通信控制器   控制口地址
data      ends
code      segment ;
          assume ds: data, cs: code
start:
```

```
        mov ax, data
        mov ds, ax
init:
        mov     dx, cs8251c
        mov     al, 4dh
        out     dx, al          ; 往 8251A 的控制端口送控制字
        mov     al, 15h         ; 操作命令字：允许发送、接收
        out     dx, al
k1:     lea   si, ttt
k2:     mov dx, 0002h           ; a1 = 1 传送的是控制信号或操作信号或状态信号
k3:     in al, dx               ; 读取 8251A 状态
        and al, 01h             ; 检测 txrdy 位，是否发送完毕
        jz k3
        mov dx, 0000h           ; 数据端口：a1 = 0,  传送的是数据
        mov al, [si]
        out dx, al
        inc si
        lea   di, hh
        cmp si, di
        jb k2
        call   dly ; 延时
        jmp k1
dly proc near
        push   cx
        mov   cx, 9000h
        loop   $
        pop   cx
        ret
dly endp
        code   ends
        end start
```

6. 实验分析

对实验进行以下几方面的分析。

(1) 虚拟终端的属性设置：波特率 19 200、8 位数据位、1 位停止位、无校验位。

(2) 8251A 的 CLK 接入 1 MHz，但是并不控制 8251A 接收和发送数据的速率。

(3) 8251A 控制字最低 2 位设置为

01：波特率系数 = 1

10：波特率系数 = 16

注意：波特率系数 = $\overline{\text{RxC}}$ 频率/传输波特率 = 1 或 16 或 64。引脚 $\overline{\text{RxC}}$ 接收时钟输入信号，等于 20 kHz，控制 8251A 接收数据的速率。

关键代码如下：

```
mov    dx, cs8251c
mov    al, 4dh      ; 0100 1101 b，20 KHz /传输波特率 = 1，传输波特率 = 20 KHz ≈ 19 200 Hz
out    dx, al       ; 往 8251A 的控制端口送控制字
mov    al, 15h      ; 操作命令字：允许发送、接收
out    dx, al
```

参 考 文 献

[1] 朱敏玲，张伟，侯凌燕. 基于 Proteus 的微机原理与接口技术教学改革[J]. 实验室研究与探索，2016，35(1)：156-160.

[2] 胡建波. 微机原理与接口技术实验：基于 Proteus 仿真[M]. 北京：机械工业出版社，2012.

[3] 赵梅，杨永生. 汇编语言程序设计案例式实验指导[M]. 北京：北京邮电大学出版社，2011.

[4] 杨志奇. 基于PROTEUS 的微机接口实训[M]. 北京：北京邮电大学出版社，2016.

[5] 顾晖，梁惺彦. 微机原理与接口技术：基于 8086 和 Proteus 仿真[M]. 北京：电子工业出版社，2011.

[6] 吴宁，陈文革，夏秦. 微型计算机原理与接口技术实践指导[M]. 北京：中国铁道出版社，2012.

[7] 陈逸菲，孙宁，叶彦斐. 微机原理与接口技术实验及实践教程：基于 Proteus 仿真[M]. 北京：电子工业出版社，2016.

[8] 李伯成，侯伯亨，张毅坤. 微型计算机原理及应用[M]. 3 版. 西安：西安电子科技大学出版社，2017.

[9] 张颖超，叶彦斐，陈逸菲. 微机原理与接口技术[M]. 北京：电子工业出版社，2017.

[10] 杨立，邓振杰，荆淑霞，等. 微型计算机原理与接口技术学习指导[M]. 4 版. 北京：中国铁道出版社 2016.